大型地埋管地源热泵系统运行策略仿真优化方法及应用

主　编　沈春明
副主编　王雅然　周鹏坤　唐夕茹

中国建筑工业出版社

图书在版编目（CIP）数据

大型地埋管地源热泵系统运行策略仿真优化方法及应用 / 沈春明主编；王雅然，周鹏坤，唐夕茹副主编. -- 北京：中国建筑工业出版社，2025. 5. -- ISBN 978-7-112-31133-0

Ⅰ. TU833

中国国家版本馆 CIP 数据核字第 2025C34T91 号

责任编辑：李玲洁
责任校对：李美娜

大型地埋管地源热泵系统运行策略仿真优化方法及应用
主　编　沈春明
副主编　王雅然　周鹏坤　唐夕茹

*

中国建筑工业出版社出版、发行（北京海淀三里河路9号）
各地新华书店、建筑书店经销
北京科地亚盟排版公司制版
建工社（河北）印刷有限公司印刷

*

开本：787 毫米×1092 毫米　1/16　印张：7¼　字数：170 千字
2025 年 5 月第一版　2025 年 5 月第一次印刷
定价：50.00 元
ISBN 978-7-112-31133-0
（44563）

版权所有　翻印必究
如有内容及印装质量问题，请与本社读者服务中心联系
电话：(010) 58337283　QQ：2885381756
（地址：北京海淀三里河路9号中国建筑工业出版社604室　邮政编码：100037）

前　言

随着全球气候变化和能源危机的日益严峻，绿色、高效、可持续的能源利用技术受到了广泛关注。热泵是建筑领域供热替代化石能源、实现碳中和的必然路径之一。浅层土壤源（地源）热泵是一种利用浅层岩土体、地层土壤地热能实现供热、制冷一体化的技术，具有运行高效、节能环保的优点，被视为建筑中低温供热（冷）领域有效的绿色低碳技术。目前，我国地源热泵装机容量已连续多年位列世界第一，但运行年能耗却是最高的，约是美国的 1.69 倍。随着我国浅层土壤源热泵发展更加趋向于分布式与大型化，地埋管换热器呈现出巨量化、群组分布特点，有的工程地埋管数量甚至达到 10^4 级，如何实现多量地埋管群换热过程快速化、精细化分析，解决"地上—地下一体化"长周期运行源侧调度困难以及短周期运行控制策略优化不足等，是地源热泵系统在设计与运行管理阶段降低系统能耗所亟待解决的重要难题。

本书对大型地埋管群传热特性、复合式地源热泵系统长周期源侧运行调度以及短周期控制策略进行了系统性的研究。首先，基于格林函数与叠加原理的解析解传热分析方法及矩阵理论，构建了地埋管群三维非稳态传热离散传递矩阵模型，并结合管网阻抗和循环泵组模型，建立了泵组稳态水力数学模型；通过对地埋管群分区排布方式的辨识，并结合传热时空衰减特性，创新性地提出了大型地埋管群模型简化方法，为地埋管群传热特性的精确分析提供了坚实的理论基础。其次，探讨了复合式地源热泵系统数学模型的构建及其源侧运行调度策略的优化；借助数值梯度下降算法和不动点迭代技术，成功求解了地源侧与地源热泵机组之间的耦合数学模型；同时，建立了考虑地源侧取放热平衡的长周期源侧运行调度优化目标函数，并运用遗传算法求解优化问题，研究三种源侧运行调度策略控制效果，为工程实际应用提供了既高效又可靠的运行调度策略。最后，对复合式地源热泵系统的短周期控制策略进行了优化分析，将地源侧历史运行数据转换为不同时间尺度的数据，为控制策略的优化提供了有力的数据支撑；探讨了保障性负荷迁移策略，并利用递归和回溯技术生成了多个短周期启停优化方案，最终通过综合评价选择出机组最佳启停方案；结合实际项目对短周期控制策略优化，优化后运行能耗可降低 5%。

本书共五章，第 1 章由沈春明、周鹏坤、唐夕茹执笔，第 2 章由王雅然、周鹏坤、沈春明执笔，第 3 章由周鹏坤、王雅然、沈春明执笔，第 4 章由周鹏坤、沈春明、王雅然执笔，第 5 章由沈春明、唐夕茹执笔，全书由沈春明、王雅然统稿。

本书出版得到了北京市科学技术研究院创新工程课题"大型地源热泵高效运行智慧化控制系统工程应用研究"（编号：24CA002-04）的资助支持。同时，特别感谢天津大学环境科学与工程学院由世俊教授，北京市科学技术研究院卫万顺研究员、于湲研究员、苑文颖副研究员，天津北洋热能科技有限公司宋子旭副总经理等，对本书研究与著写过程中所给予的指导与帮助。

由于作者研究水平有限，书中难免存在疏漏和不足之处，恳请读者批评指正。

目 录

第1章 绪论 ··· 1
  1.1 研究背景及意义 ··· 1
  1.2 国内外研究现状 ··· 2
    1.2.1 地埋管换热分析研究 ··· 2
    1.2.2 地源热泵系统运行优化研究 ································ 4
  1.3 主要研究内容框架 ·· 6

第2章 浅层土壤源地埋管群数学模型的建模与分析 ················ 9
  2.1 浅层土壤源地埋管群传热数学模型 ···························· 9
    2.1.1 地埋管换热器钻孔内传热数学模型 ····················· 9
    2.1.2 地埋管换热器钻孔外传热数学模型 ····················· 12
    2.1.3 地埋管钻孔群三维非稳态传热离散传递矩阵模型 ·· 17
  2.2 浅层土壤源地埋管群水力数学模型 ···························· 20
    2.2.1 浅层土壤源地埋管群管网阻抗数学模型 ··············· 20
    2.2.2 浅层土壤源循环泵组数学模型 ··························· 21
  2.3 浅层土壤源大型地埋管群简化优化方法 ···················· 23
    2.3.1 地埋管群分区排布方式辨识 ······························ 24
    2.3.2 串型分布地埋管群分区简化基点 ························ 25
    2.3.3 其他分布地埋管群分区简化基点 ························ 27
    2.3.4 矩阵分布地埋管群分区简化优化方法 ·················· 29
  2.4 浅层土壤源地埋管群数学模型验证与分析 ················· 33
    2.4.1 浅层土壤源地埋管群数学模型验证 ····················· 33
    2.4.2 地埋管换热器传热时空衰减特性 ························ 34
  2.5 本章小结 ·· 37

第3章 复合式地源热泵系统长周期源侧运行调度优化方法 ····· 39
  3.1 地埋管地源热泵系统数学模型 ································· 39
    3.1.1 地源热泵机组数学模型 ····································· 39
    3.1.2 地埋管地源热泵系统数学模型 ··························· 46
  3.2 调峰系统数学模型 ·· 51

	3.2.1	调峰供冷系统数学模型	51
	3.2.2	调峰供暖系统数学模型	55
3.3	复合式地源热泵系统长周期源侧运行调度优化		56
	3.3.1	遗传算法优化原理	56
	3.3.2	复合式地源热泵系统长周期源侧运行调度优化	61
3.4	本章小节		66

第4章 复合式地源热泵系统短周期控制策略优化方法 …… 67

4.1	复合式地源热泵系统短周期机组启停优化方法 …… 67
	4.1.1 浅层土壤源的历史运行数据简化方法 …… 67
	4.1.2 复合式地源热泵系统最大制冷量(制热量) …… 71
	4.1.3 复合式地源热泵系统保障性负荷迁移 …… 74
	4.1.4 复合式地源热泵系统机组启停优化 …… 76
4.2	复合式地源热泵系统短周期控制策略优化方法 …… 79
	4.2.1 用户侧开环近似最优控制策略优化方法 …… 79
	4.2.2 复合式地源热泵系统机组控制策略优化方法 …… 83
4.3	本章小节 …… 87

第5章 系统运行策略优化工程案例应用 …… 88

5.1	地源热泵系统运行仿真优化平台 …… 88
	5.1.1 软件平台概述 …… 88
	5.1.2 地源热泵系统物理建模 …… 89
	5.1.3 地源侧仿真 …… 91
	5.1.4 优化控制策略 …… 91
5.2	长周期源侧运行调度优化应用 …… 93
	5.2.1 复合式地源热泵系统算例概况 …… 93
	5.2.2 长周期源侧运行调度优化分析 …… 94
5.3	短周期控制策略优化调控算例分析 …… 98
	5.3.1 地源热泵系统算例概况 …… 98
	5.3.2 地源热泵系统短周期优化分析 …… 98
5.4	应用展望 …… 102
5.5	本章小节 …… 102

参考文献 …… 104

第 1 章 绪 论

1.1 研究背景及意义

全球能源系统正面临着近半个世纪以来的最大挑战与前所未有的不确定性。英国石油公司（BP）发布的《2022年全球能源统计评估报告》（以下简称《报告》）深刻揭示了能源领域当前所面临的三难困境：如何在保障能源"安全"的同时，维持其"可负担性"，并努力实现"减少碳排放"的目标。《报告》指出，在能源短缺日益严重、成本不断攀升的背景下，这三大要素之间的持续关联愈发凸显。同时，值得注意的是，CO_2浓度不仅在80多万年的历史中首次突破了300mg/L的临界点，而且现已远超400mg/L。大气中CO_2浓度的这种显著变化及其急剧的增速，极大地压缩了物种、行星系统及生态系统的适应期[1]。因此，无论是发达国家还是发展中国家，都在全球范围内积极采取降碳减排行动，致力于将21世纪全球气温升幅控制在2℃以内[2]。建筑行业在缓解气候变化影响方面的作用不容小觑。建筑不仅占全球能源使用量的1/3，更贡献了1/4的CO_2排放量。尤其是其中的暖通空调系统，占据了建筑总能耗的38%，这表明建筑行业节能减排的潜力和空间巨大。通过有效的节能减排措施，建筑行业可以在应对全球气候变化的挑战中发挥至关重要的作用[3,4]。

地源热泵系统是一种利用浅层地热能对建筑进行供暖或制冷的清洁与可再生能源应用技术，是建筑利用地热能的主要方式[5,6]。当前我国浅层地热能的开发潜力巨大，据中国地质调查组在"十二五"期间对全国地热能资源的调查结果表明，中国336个主要城市浅层地热能可用资源量折合7亿t标准煤，可实现供暖（制冷）建筑面积320亿m^2。住房和城乡建设部出台的《建筑节能与绿色建筑发展"十四五"规划》中，"十四五"时期建筑节能和绿色建筑发展具体指标包括：到2025年，完成地热能建筑应用面积1亿m^2以上，城镇建筑可再生能源替代率达到8%[7]。

地源热泵是一种可靠的建筑节能减排技术。其系统结构通常由地源侧换热系统、热泵机组、辅助系统以及用户侧等部分组成[8]，是一种典型的复杂系统，地源热泵空调系统结构如图1-1所示。智能控制系统是地源热泵系统的"大脑"，是系统实现自主、安全、智能运行不可或缺的重要组成部分。节能降耗水平是评价地源热泵系统性能的重要技术指标，具有实际的经济、环境与社会效益[9]，特别是对于大型地源热泵系统，节能降耗意义重大。当前，地源热泵系统节能降耗的途径主要有两类：改造系统设备和改进系统控制，其中，改进系统控制是一种在保证用户人员舒适度的前提下，进一步降低系统能源消耗的策略，可在无需增加额外成本投入的条件下达到降低能耗的目的；同时，对于浅层地埋管地源热泵系统，长期运行后地源侧易出现土壤"冷热不均衡"的问题，会显著降低系统运行性能，需对地源侧冷热利用方案、用户侧供能方案进行综合调控，避免或降低冷热不均衡影响。

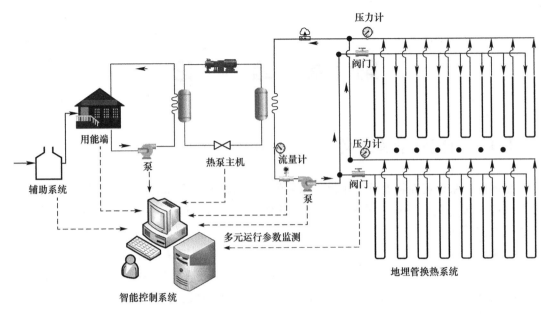

图 1-1 地源热泵空调系统结构示意图

地埋钻孔的深度通常在 15~120m，穿过具有不同热特性的各种地质层[10]，地埋管换热器与岩土传热特性对系统运行能效影响关键[11]，也是土壤源（地源）热泵研究的难点之一。随着我国浅层土壤源（地源）热泵趋向于分布式、大型化发展，地面管换热器呈现巨量化、群组分布特点，部分工程地面管数量级已经达到 10^4 级，如何实现多量地埋管群换热过程快速化、精细化分析，解决"地上—地下一体化"长周期运行源侧调度困难以及短周期运行控制策略优化不足等，是地源热泵系统在设计与运行管理阶段降低系统能耗所亟待解决的重要难题。因此，如何在保证用户负荷需求的同时，实现地源热泵长周期地源侧土壤温度平衡和短周期运行高效，已成为地源热泵系统控制策略研究的核心议题。本书聚焦复合式地源热泵系统高效运行控制优化难题，针对地埋管地源热泵系统的机理模型构建和优化控制策略方法，为优化地源热泵系统运行控制提供了理论方法支撑，对降低地源热泵系统能耗以及提升系统综合效益具有重要意义。

1.2 国内外研究现状

地埋管换热器是地源热泵系统中的重要组成部分，它基于浅层地下土壤温度相对稳定和良好的蓄热特性进行工作。地埋管换热器利用浅层地下土壤作为冷热源，通过热载体在地埋管换热器中的循环流动，实现与浅层土壤间的热量交换。地埋管换热器作为一种蓄热式换热器，其内部热载体与周围岩土介质之间的传热性能对整个系统的能效和稳定性具有直接影响。

1.2.1 地埋管换热分析研究

对地埋管换热器传热特性分析国内外已开展了大量且深入的研究工作，自 Lord Kelvin

最早提出线热源理论[12]以来,经历了由解析模型向数值模拟,再到试验测试、综合解算的发展过程,建模分析更加精细化、更接近工程实际。

1. 解析模型法研究现状

解析模型法是最早被应用的地埋管传热特性分析方法,主要包括 Kelvin 线热源理论和圆柱形热源理论,建模从一维线性发展到三维非线性,总体上模型分析需要较少的资源,更容易理解所研究系统的基本机制和行为,但建模较为粗简,难以实现不同地埋管设计方式下的热性能精细化分析。其中,Ingersoll L R 和 Plass H J[13]基于线热源理论,进一步提出了无限长线热源模型,这也是最早的地埋管换热模型,将复杂的地下传热问题简化为线热源在均匀介质中的传热问题;Eskilson P[14]提出了基于温度响应的无量纲温度响应因子地埋管换热模型,被称为格林函数(g 函数),为在二维坐标系中,施加在孔壁上的单位阶跃脉冲热流的温度响应;Zeng H Y[15]等进一步发展了 g 函数解析表达式,使得钻孔壁稳态温度计算更加快速精准。近年来,Erol S 等[16]提出有限长线源模型,显著提升了模型的准确性和实用性;Abdelaziz S L 等[17]采用叠加原理根据不同地层边界将地埋管换热器划分为不同的线热源段,通过将每条线热源段与观测点之间的区域均质化假设的简化分析,评估了地面管周围岩土体温度变化;Zhou G 等[18]使用 g 函数法求解两个地层热分布,并将其扩展到多个地层条件;Nurullah Kayaci 等[19]基于线热源理论将流体与二维解域相连,采用交替方向隐式(ADI)有限差分公式对热传导方程进行数值求解,降低解析计算边界条件影响,并使用三对角矩阵算法简化运算结构;马玖辰等[20]基于移动线热源模型及多孔介质热—渗运移理论,建立地埋管换热器井孔内外传热耦合模型。

2. 数值模拟法研究现状

数值模拟法主要基于有限元法、体积法并借助商业化软件,实现流体与地下岩土体热交换的高精度模拟,可考虑岩土体、地下渗流等复杂因素影响,但由于数值计算的复杂性,计算成本很高,耗时很长,特别是大尺寸、3D 模型仿真,仅适合短期传热特性分析。Zhang M 等[21]使用 3D 计算流体动力学(CFD)模型仿真对比所提出的新型地埋管换热器和传统垂直地埋管传热性能,认为需要一个计算效率更高、同时又能提供合理准确性的简化模型来研究地埋管换热器长期性能;Mohammad Habibi M 等[22]采用基于 SIMPLE 算法的有限体积法三维数值求解控制方程,并结合地埋管周围土壤 3D CFD 模型,仿真预测分析了 152m 管长尺度的热性能;Bottarelli M 等[23]利用 COMSOL 建立土壤域尺寸为 6m× 10m 的 2D 模型,仿真了平板地面热交换器的热性能;同时,Kun Zhou 等[24]利用 COMSOL 建立 6m×3m 的 3D 模型,模拟 1 年内垂直和水平地埋管热工性能。Ren Y 等[25]采用 OGS 软件 2D 热传递模型模块模拟分析了北京大兴国际机场大型地源热泵 10497 根地埋管阵列运行 50 年的地下热分布,为了使计算成本和精度保持在可接受的水平,模型简化了地埋管、岩土体尺寸,忽略地埋管中的热传递、管道热阻等,并以等效岩土导热系数建立地下热传递过程的控制方程。其中,Cai W 等[26]利用 OpenGeoSys 软件构建了地埋管换热器组群的数值模型,并通过西安试点项目数据验证了模型的准确性;王洋等[27]采用 FEFLOW 有限元软件建立以管群为中心的三维模型,仿真分析大型地埋管群三维传热—渗流耦合。

3. 试验测试法研究现状

试验测试法的数据准确、结果可靠,但较适用于物理仿真测试或试验测试,实际工程中参数的测量难度较高，且难以实现长期运行测试。Esen H 等[28]在土耳其某大学的一个房间里对水平地埋管换热器传热进行了实验测试，得到测试结果，并与数值模拟数据进行比较；Seok Yoon 等[29]在实验室内建立地埋管砂箱模型（5m×1m×1m），开展 30h 不同材质换热器的热响应实验，测量分析地埋管热交换率和导热性能；齐子姝等[30]通过对实际工程地埋管换热器周围岩土温度场实测，分析地下孔群纵向和径向岩土温度对负荷的响应及 1 年中地温恢复情况。

4. 综合法研究现状

为了克服以上三种方法分析计算存在的不足，综合解算近年来逐渐受到关注。其中，Guo Y 等[31]在考虑多层地面沿钻孔长度的不均匀传热率的半解析模型基础上，提出了一种新的非正常表面单元方法的地埋管传热半解析模型，与纯数值模型相比，该模型尽可能利用分析解决方案，需要更少的计算能力和时间，在计算效率与分析精度之间取得了平衡，单孔长期传热求解结果与 COMSOL 2D 模型结果误差很小。Alejandro J 等[32]提出一种将热响应测试的试验数据应用于有限线源分析模型的地埋管换热器短期传热性能分析方法，对比 CFD 建模的大型区域几何体计算，计算时长可从一周以上的时间缩减到半天左右，降低了所需的计算成本；Jinhua Chen 等[33]采用有限元软件建立垂直 U 形地埋管群热性能 3D 仿真模型（25m×20m×100m），忽略了地埋管、回填料及岩土体的热物理差异，通过实际案例的测试数据对模型进行验证，进而模拟分析 100 天换热时长内周围岩土体温度分布。

1.2.2 地源热泵系统运行优化研究

地埋管换热器传热分析研究不仅有助于深入理解地源热泵系统的运行机理，还为其运行优化提供了有力的支持。运行优化对于地源热泵系统而言至关重要。一个经过优化的系统能够根据实际运行环境和负荷需求进行自动调节，确保系统始终运行在最佳状态。通过优化运行策略，可以减少系统的启动和停机次数，降低能耗和维护成本，延长设备的使用寿命。此外，运行优化还能提高系统的稳定性和可靠性，减少故障发生的可能性，确保地源热泵系统的长期稳定运行。

1. 地源侧运行优化研究

在地源热泵技术的研究与应用中，控制与优化是一个重要的研究方向。众多学者针对如何提高地源热泵系统的效率、稳定性和经济性进行了深入探讨。

Wan H 等[34]针对水冷冷水机组与地源热泵结合的混合式系统，提出了一种创新的控制策略。该策略基于湿球温度进行调控，能够根据地域特点和实际需求智能地切换水冷冷水机组和地源热泵的运行模式。通过 TRNSYS 仿真模拟发现，与常规控制方法相比，这种方法不仅能更有效地控制地源侧的热平衡，还能显著降低系统的总能耗。

Kang L 等[35]则从一个更宏观的角度出发，探讨了地源热泵在冷热电联产系统中的应用，详细分析了四种不同的运行策略，即电力负荷跟随、热负荷跟随、混合负荷跟随以及效益最大化，在各种策略下的经济和环境影响。研究结果显示，不同的运行策略适用于不同的气候和季节条件，为地源热泵系统的实际应用提供了宝贵的参考。

在系统集成与优化方面，Ma W 等[36]的研究颇具创新性。他们提出了一种融合了热电联产、光伏和地源热泵的先进系统，并利用差分进化和粒子群算法对多个目标进行优化，包括年节能比、成本节约比和减排比。此外，该研究还深入剖析了光伏容量、能源价格等关键因素对系统能效的潜在影响。

除了系统集成外，还有多项研究聚焦于地源热泵系统的具体运行和控制问题。例如，Xiong S 等[37]通过构建和模拟一个复杂的管理系统，深入研究了地源热能管理系统的能耗和温度控制策略。而 Su S 等[38]则结合实际的地源热泵系统，提出了一种高效且实用的温度控制方法，旨在优化系统的能耗表现和土壤温度管理。此外，周世玉[39]则针对冷机辅助的混合地源热泵系统的地下热堆积问题，提出了冷却塔的开启控制策略以及地温主动恢复的运行方案。

针对混合式地源热泵系统，Hou G 等[40]利用 TRNSYS 模拟了带有水平敷设地埋管回路、液体干冷却器和温度控制分流器的混合式地源热泵系统，分析了不同分流器设置温度对能量变化和土壤热条件的影响，并给出了推荐的温度范围。王华军等[41]通过对采用蒸发冷却式冷却塔的混合式地源热泵系统进行模拟，评估了三种运行控制策略的节能与安全性能。研究表明，对于大规模地下管群系统，通过设定换热器流体平均温度或地埋管换热器流体温度与环境湿球温度的差值更为适合。

在实际应用层面，也有多项研究针对特定建筑和地域特点进行了深入探讨。杨晶晶等[42]以上海市的某办公建筑为例，详细分析了冷却塔开启策略对地源热泵系统性能的综合影响。黄新江[43]则利用楼宇监控系统收集到的实际运行数据，结合机器学习技术，为某建筑的地源热泵系统量身定制了一套优化控制策略，不仅显著降低了能耗，还有效控制了土壤温升。张坤子[44]则针对湖北省某能源站的复合式地源热泵系统，制定了不同的运行策略，并通过模拟对比了不同策略下的性能表现。邢俊浩[45]研究了张家口某办公楼的太阳能—地源热泵系统，提出了一种自动切换串并联模式的运行方式，经模拟验证，该方式能耗最低且性能最优。

此外，在地源热泵系统的智能调度和优化配置方面，也有学者进行了深入研究。王维[46]提出了一种基于自适应粒子群的优化调度方法，该方法能够根据热泵机组的实际运行情况和多种约束条件，动态优化负荷分配，从而有效降低地源热泵区域能源系统的整体运行成本。严茜公[47]和刘馨等[48]则通过实验和数据分析的方法，分别提出了适合地源热泵耦合系统的节能运行方案和最优控制策略。

在地源侧运行优化研究中，许多学者为提高系统的效率、稳定性和经济性而努力。无论是控制策略的创新、系统集成的优化，还是实际性能的提升，都取得了显著成果。例如，有研究通过智能切换水冷机组和地源热泵模式来提升能效，还有研究探讨了地源热泵在冷热电联产系统中的应用，为各种气候和季节的运行策略提供了借鉴。此外，还有研究融合了热电联产、光伏和地源热泵，构建了一个先进的系统，并通过算法对多个目标进行优化。同时，不少研究也深入探讨了地源热泵的具体运行和控制问题，如温度控制、能耗管理、土壤温度恢复等。针对特定建筑和地域，也有研究为地源热泵系统定制了优化控制策略。然而，尽管研究广泛，但仍有些细分领域探讨不足。例如，地源热泵在不同土壤和气候条件下的性能及优化策略仍需深入研究。此外，系统的长期运行性能和可靠性也有待实际验证，目前的研究多依赖模拟和短期实验，缺乏长期数据的支持。在智能调度和优化配置方面，虽有成果，但如何将这些技术更好地应用于实际工程，进一步提升地源热泵的智能化水平，仍是一个待解决的问题。

2. 用户侧及输配系统运行优化研究

在用户侧及输配系统运行优化研究方面，多位学者进行了深入研究。Deng Y 等[49]构建了空气侧通风率、热舒适和能耗之间的数学模型，并通过实验确定了模型参数。他们利用此模型详细分析了空气侧对地源热泵系统能效和热舒适的具体影响。王闯等[50]以北京市某建筑为实证研究对象，对地源热泵的不同部分，包括地源侧、机组侧和末端负荷侧，进行了数据建模，通过深入分析运行数据，发现负荷侧供水温度是影响机组 COP 的关键因素，并据此对地源热泵系统进行了负荷侧的变水温控制优化，实现了 COP 的提升。

此外，张浩[51]则针对南京市某住宅小区的地源热泵+辐射空调系统，提出了不同的控制策略，如冷却塔温差耦合控制，以及基于房间温度和预测平均评价（Predicted Mean Vote，PMV）的机组启停与比例积分微分（Proportional-Integral-Derivative，PID）供水温度控制。通过 TRNSYS 模拟，验证了这些策略在不同工况下的运行效果，并利用 BP 神经网络和粒子群优化算法构建了一个简化的模型预测控制系统，实现了显著的节能效果。

在土壤储热方面，崔楚阳[52]为小型地埋管换热器设计了一种"分段式加热"运行方案，并通过 Fluent 仿真验证了其可行性。左春帅[53]利用 TRNSYS 对太阳能土壤储热—地源热泵供热系统进行了全时段与分时段的运行策略优化，结果显示分时段优化运行更为稳定和节能。

曲宗昊[54]提出了一种基于 PMV 的地源热泵空调系统变风量控制方法，该方法在济南某住宅小区的应用中显著降低了能耗，同时满足了人体的热舒适需求。冯智慧[55]则采用特征识别法建立了某办公楼地源热泵系统的仿真模型，并据此研究了输配系统的运行优化策略，实现了 8% ~ 15% 的节能率提升。这些研究共同为地源热泵系统的运行优化提供了理论和实践指导。

在用户侧及输配系统运行优化的研究方面，多位学者通过数学建模、实验验证、实验研究以及模拟仿真等手段，对地源热泵系统的运行效果进行了深入研究。这些研究涉及了空气侧通风率、热舒适度、能耗等多个方面，旨在提高地源热泵系统的能效和满足用户的热舒适需求。具体来说，学者们通过数据建模分析了影响机组 COP 的因素，提出了负荷侧变水温控制、冷却塔温差耦合控制、基于房间温度和 PMV 的控制系统等多种优化策略，并通过实验和模拟验证了这些策略的有效性。此外，还有研究关注于土壤储热技术和输配系统的运行优化，为地源热泵系统的全面优化提供了理论和实践指导。

尽管上述研究在用户侧及输配系统运行优化方面取得了显著成果，但在实际应用中可能面临挑战。建筑物的负荷需求和地埋管换热器的最大换热量之间的匹配可能并不总是完美的，这可能导致在某些极端情况下，地源热泵系统无法满足建筑物的全部负荷需求。

1.3 主要研究内容框架

在本书的研究中，对复合式地源热泵系统地埋管群传热特性、长周期运行调度、短周期控制策略以及优化方法应用系统性展开探讨。这四部分内容在研究逻辑上层层递进，相互关联,共同构成了对复合式地源热泵系统优化运行的综合研究框架。

第1章为绪论,介绍研究的背景及意义,综述国内外在地源热泵系统运行优化方面取得的进展与存在不足,并概述本书的章节框架。

第2章从浅层土壤源地埋管群的传热与水力特性入手,构建了精确的数学模型并提出了有效的优化方法。这一步骤对于深入理解地源热泵系统的性能至关重要,为后续的长周期运行调度和短周期控制策略优化奠定了坚实的理论基础。基于格林函数与叠加原理,建立地埋管群传热数学模型,该模型综合考虑了钻孔内外的热阻,并通过矩阵理论,构建三维非稳态传热离散传递矩阵模型,以描述地埋管群的传热过程。随后,结合管网阻抗和循环泵组数学模型,建立稳态水力数学模型,以确定不同运行工况下浅层土壤源的循环流量。通过深入分析地埋管群的分区排布方式,并结合其传热空间衰减特性,确定合理的简化基点和方式,并实现对矩形分布地埋管群分区的有效几何简化。

第3章的研究进一步关注了复合式地源热泵系统的长周期运行调度问题。通过综合考虑源侧(地源侧、空气源侧)参数、用户侧参数以及负荷率对热泵机组性能的影响,成功构建了适用于该系统的数学模型,并求解了运行调度优化问题。这一过程不仅确保了地源侧取放热近似平衡和系统在长周期内的稳定运行,还实现了能效的最大化,为系统的长期运行提供了有力的保障。通过深入分析现有冷水机组模型,结合源侧、用户侧参数及负荷率的影响,构建更为精确的地源热泵数学模型。利用数值梯度下降算法和不动点迭代技术,构建了长周期地埋管地源热泵系统数学模型。同时,基于开环近似最优控制方法,综合考虑调峰冷水机组、冷却塔与调峰热水锅炉的运行特性,建立调峰系统的数学模型。为确保地源侧取冷取热平衡并降低系统运行能耗,进一步建立复合式地源热泵系统的长周期源侧运行调度优化目标函数,并利用遗传算法求解优化问题。

第4章的研究聚焦于复合式地源热泵系统的短周期控制策略。在实际运行中,短周期内的控制策略对于系统的即时响应和能效提升具有至关重要的作用。创新性地提出了历史运行数据简化方法、保障性负荷迁移方法以及机组启停优化方法,旨在优化系统的短周期控制策略,进一步提高系统的运行效率和稳定性。首先,通过简化地源侧历史运行数据,降低了数据处理难度,同时保留了关键信息。其次,提出保障性负荷迁移方法,通过评估系统的最大运行负荷及负荷迁移,确保系统在负荷高峰期能够满足建筑物的需求,提高了系统可靠性。同时,提出复合式地源热泵系统机组启停优化方法,利用递归和回溯技术,生成多种短周期机组启停方案,评估各方案适应值,并根据最佳机组启停方案确定短周期各机组的启停控制序列。此外,基于用户侧出水温度的重要性,提出开环近似最优控制策略优化方法,优化用户侧循环泵组运行频率和系统出水温度。提出复合式地源热泵系统机组控制策略优化方法,进一步对各地源热泵机组和调峰机组的出水温度、负荷率进行优化。

第5章在以上研究的基础上开发了地源热泵系统运行仿真优化软件,结合地源热泵系统工程案例,对系统运行策略进行优化,提高复合式热泵系统可靠性与经济性。开发的地源热泵系统仿真优化软件,包括机理模型建模、地源侧快速仿真、长周期运行调度优化、短周期控制策略优化等算法包,实现地源热泵系统与调峰系统的高效运行调度与优化控制,提供可视化界面和数据分析功能以及具有可扩展性和可维护性等功能;仿真模拟地源侧取放热平衡启发式长周期源侧运行调度优化策略与常规运行策略，对比分析系统日平均运行功率变化，认为地源侧取放热平衡约束下，系统长周期运行调度优化策略虽然经济性略不足，但可以保障年内地源侧取热量平衡；根据复合式地源热泵系统机组控制策略优化方法对各地源热泵机组和调峰机组出水温度、负荷率进行优化。基于地源热泵项目，经优化前后对比分析，地源热泵系统优化后节能5%，验证了短周期控制策略优化方法的可行性。

第 2 章　浅层土壤源地埋管群数学模型的建模与分析

基于浅层地下土壤温度相对稳定和良好的蓄热特性，地埋管地源热泵系统利用浅层地下土壤作为冷热源，基于热载体在地埋管换热器中的循环流动实现与浅层土壤间的热量交换，并进而通过热泵技术实现对建筑物的供暖和制冷。其中，浅层土壤源地埋管群是该系统的重要组成部分，作为蓄热式换热器[56]，其管内热载体与周围岩土介质间的传热性能直接影响到整个系统的能效和稳定性。本章利用解析解传热分析方法建立浅层土壤源地埋管群传热数学模型，提出浅层土壤源大型地埋管群简化优化方法，并研究浅层土壤源地埋管群换热器传热特性。

2.1　浅层土壤源地埋管群传热数学模型

地埋管换热器的传热分析方法[57]包括数值解方法和解析解方法。数值解方法[58-60]指建立基于离散化数值计算的传热模型，利用有限元或有限差分法对地下和流体中的温度响应进行求解和分析，以探究其传热特性。解析解方法的核心在于探究无限大或半无限大岩土介质中，将单根钻孔地埋管换热器简化为（无限长或有限长）线热源或圆柱面热源，研究其在恒定热流作用的温度响应的解析解，进而利用叠加原理研究分析地埋管群换热器在动态负荷下的温度响应规律。本节将利用格林函数和叠加原理，构建浅层土壤源地埋管群传热数学模型。

竖直埋管的地埋管换热器通过在地下岩土介质中钻孔，埋设 U 形管（单 U 形或双 U 形）后，并使用回填材料对钻孔进行密实处理。利用回填材料钻孔回填不仅可以有效地强化传热效果，同时发挥密封作用，防止地下水受到地表水的渗透和污染。在研究单根地埋管钻孔中 U 形管与周围岩土介质的传热问题时，通常根据地埋管钻孔壁面将其划分为两部分：一是钻孔内部传热过程：U 形管内壁面至地埋管钻孔壁面的传热分析；二是钻孔外部传热过程：地埋管钻孔壁面与钻孔壁面周围岩土介质的传热分析。

2.1.1　地埋管换热器钻孔内传热数学模型

对于地埋管钻孔内部而言，相对于地埋管钻孔壁面外的岩土介质，其几何尺寸及回填材料热容很小，故钻孔内部传热过程可按照稳态传热处理。基于当量直径法，将地埋管钻孔内的多根地埋管等效简化为 1 根较粗的地埋管，这一简化处理有助于将原本复杂的二维导热问题，在垂直于钻孔轴线的平面上，简化为径向的一维导热问题，如图 2-1 所示。

忽略地埋管和钻孔内回填材料、钻孔内回填材料和钻孔外壁间的接触热阻，单根地埋管钻孔的钻孔内热阻由三部分组成，包括流体至管道内壁面的对流换热热阻、地埋管换热器管壁的导热热阻、回填材料的导热热阻（管道外壁到钻孔壁的热阻）。

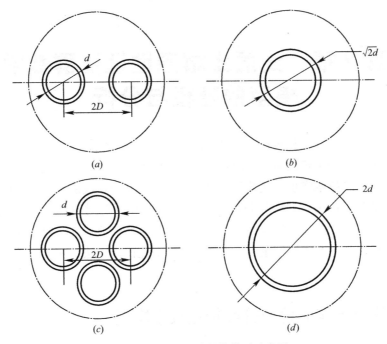

图 2-1 钻孔内一维导热模型示意图
(a) 单 U 形埋管钻孔内布置示意图;(b) 单 U 形埋管当量管简化示意图;
(c) 双 U 形埋管钻孔内布置示意图;(d) 双 U 形埋管当量管简化示意图

1. 流体至管道壁面的对流换热热阻

地埋管换热器内传热流体通过与管道壁面对流换热作用进行热量交换,流体至管道壁面的对流换热热阻计算公式,如式(2-1)所示:

$$R_f = 1/(2\pi r_i h) \tag{2-1}$$

式中 R_f ——流体至管道壁面的对流换热热阻(m·K/W);
r_i ——地埋管换热器管道内半径(m);
h ——对流换热表面传热系数[W/(m²·K)]。

对流换热表面传热系数计算公式,如式(2-2)所示:

$$h = \frac{\lambda}{2r_i} Nu \tag{2-2}$$

式中 h ——对流换热表面传热系数[W/(m²·K)];
λ ——流体工质的导热系数[W/(m·K)];
r_i ——地埋管换热器管道内半径(m);
Nu ——努谢尔数。

根据地埋管换热器管道内的雷诺数 Re 确定流动充分发展阶段的流动状态(层流状态、过渡区间、紊流状态),计算公式如式(2-3)所示:

$$Re = \frac{2u_m r_i}{\mu} \tag{2-3}$$

式中 u_m ——管道断面平均速度(m/s);
μ ——管道内流体的运动黏性系数(m²/s)。

对于圆管内受迫流动，层流状态可采用西得和塔特提出的常壁温层流传热关系式，如式（2-4）所示：

$$Nu = 1.86 Re^{\frac{1}{3}} Pr^{\frac{1}{3}} \left(\frac{d_i}{l}\right)^{\frac{1}{3}} \left(\frac{\mu}{\mu_w}\right)^{0.14} \quad (Re < 2300) \tag{2-4}$$

式中　Pr——普朗特数；
　　　d_i——管道内径（m）；
　　　l——特征长度（m）；
　　　μ_w——管道内流体在壁面温度下的运动黏性系数（m²/s）。

对于圆管内受迫流动，过渡区间可采用哈欧森提出的传热关系式，如式（2-5）所示：

$$Nu = 0.116(Re^{\frac{2}{3}} - 125) Pr^{\frac{1}{3}} \left[1 + \left(\frac{d_i}{l}\right)^{\frac{2}{3}}\right] \left(\frac{\mu}{\mu_w}\right)^{0.14} \quad (2300 < Re < 10000) \tag{2-5}$$

对于圆管内受迫流动，紊流状态可采用施特尔—梯特公式，如式（2-6）所示：

$$Nu = 0.023 Re^{0.8} Pr^{\frac{1}{3}} \left(\frac{\mu}{\mu_w}\right)^{0.14} \quad (Re > 10000) \tag{2-6}$$

2. 地埋管换热器管壁的导热热阻

地埋管换热器管壁的导热热阻为管道外壁面至管道内壁面之间的传热热阻，地埋管换热器管壁的导热热阻计算公式，如式（2-7）所示：

$$R_{pe} = \frac{1}{2\pi\lambda_p} \ln \frac{\sqrt{n} r_o}{\sqrt{n} r_o - (r_o - r_i)} \tag{2-7}$$

式中　R_{pe}——地埋管换热器管壁的导热热阻（m·K/W）；
　　　λ_p——地埋管换热器的导热系数[W/(m·K)]；
　　　$\sqrt{n} r_o$——地埋管的当量半径（m）；
　　　n——钻孔内地埋管的管道数目，若地埋管为单 U 形管，$n=2$，若地埋管为双 U 形管，$n=4$；
　　　r_o——地埋管换热器管道外半径（m）；
　　　r_i——地埋管换热器管道内半径（m）。

3. 回填材料的导热热阻

回填材料的导热热阻为管道外壁面至钻孔壁面的传热热阻，回填材料的导热热阻计算公式，如式（2-8）所示：

$$R_{be} = \frac{1}{2\pi\lambda_b} \ln \frac{r_b}{\sqrt{n} r_o} \tag{2-8}$$

式中　R_{be}——钻孔回填材料的导热热阻（m·K/W）；
　　　λ_b——钻孔回填材料的导热系数[W/(m·K)]；
　　　r_b——钻孔半径（m）。

4. 钻孔内热阻

钻孔内热阻表征管道内传热流体至钻孔壁面间的传热热阻，钻孔内热阻计算公式，如式（2-9）所示：

$$R_b = R_f + R_{pe} + R_{be} \tag{2-9}$$

式中　R_b——钻孔内热阻（m·K/W）；
　　　R_f——流体至管道内壁的对流换热热阻（m·K/W）；
　　　R_{pe}——地埋管换热器管壁的导热热阻（m·K/W）；
　　　R_{be}——钻孔回填材料的导热热阻（m·K/W）。

2.1.2　地埋管换热器钻孔外传热数学模型

1. 地埋管换热器钻孔外传热分析概述

从物理学角度分析，数理方程[61]是表示一种特定的"场"和产生这种场的"源"之间的关系。对于钻孔外传热而言，热传导方程表示岩土介质温度场和钻孔热源之间的关系。格林函数法是数理方程中一种常用的方法，用来解零初始条件或齐次边界条件的非齐次微分方程，它通过将源项分解为很多点源的叠加，并设法求解点源产生的场，从而得到任意源的场，被广泛应用于物理和工程领域。同时，点源产生的场称为格林函数，在传热问题中特指无限大介质中瞬时点源产生的温度场。

在众多根据叠加原理的地埋管换热器传热分析研究[62-64]中，把单根钻孔或钻孔群地埋管换热器在阶跃热流作用下的无量纲温度响应称作特定地埋管换热器的 g 函数（g-function）。忽略钻孔深度方向上地埋管换热器内传热流体的对流换热及地埋管换热器进回水管间相互作用产生的影响，仅考虑钻孔外径向传热，故可利用一维导热模型考虑钻孔外传热，常见的模型有 Kelvin 无限长线热源模型[65]、无限长圆柱面热源模型[66]、有限长线热源模型等。

Kelvin 无限长线热源模型、无限长圆柱面热源模型均将钻孔周围的岩土介质视为无限大介质，忽略了岩土介质表面边界作用的影响，会导致长时间尺度下，岩土介质温度场不会趋于稳定。无限长圆柱面热源模型相比于线热源模型，地埋管换热器热流瞬时施加在钻孔外壁面上，在短时间内会产生与实际情况偏离较大的现象，同时使用了零阶和一阶的第一类和第二类贝塞尔（Bessel）函数，计算量相对较大。

有限长线热源模型是一种用于模拟等温边界条件下，钻孔外传热过程的一维导热数学模型。该模型将钻孔作为有限长度的线热源，简称有限长线热源，将地面作为边界条件，将岩土近似为半无限大传热介质，相对于 Kelvin 无限长线热源模型、无限长圆柱面热源模型更合理、更符合实际情况。

利用有限长线热源模型确定单根钻孔在阶跃热流作用下的无量纲温度响应，同时利用阶梯热流近似连续变化的地埋管换热器热流。基于 g 函数和线性叠加原理，依次确定单根钻孔地埋管换热器在单位矩形脉冲热流作用下无量纲温度响应、由历史时刻的各钻孔群地埋管换热器的阶梯热流引起的钻孔深度方向中间位置钻孔壁面处（以钻孔深度方向中间位置钻孔壁面温度为代表温度）的过余温度。

2. 有限长线热源模型

在有限长线热源模型中，假设地埋管换热器在周围岩土中的热量传递是沿径向的一维导热过程，钻孔或钻孔群的周围岩土视为半无限大介质，忽略了地表温度波动对浅层岩土温度与岩土物性参数的影响，岩土层介质、岩土热物性参数均匀一致，且不随岩土温度的变化而变化。同时，忽略地下水渗流对钻孔外热量传递过程的影响，将岩土与钻孔外壁面

第2章 浅层土壤源地埋管群数学模型的建模与分析

之间的热量传递视为只是纯导热的传热过程。

如图2-2所示,在有限长线热源模型中,选取半无限大介质表面,即 $z=0$ 的岩土介质表面温度(初始时刻岩土介质的温度)为过余温度 θ 的零点 t_0,即设 $\theta = t - t_0$,基于虚拟热源原理,在与岩土介质有限长线热源关于岩土边界面对称的位置上设一长度相同的虚拟有限长线热汇,便可以使得岩土介质表面始终维持在恒定温度 t_0。

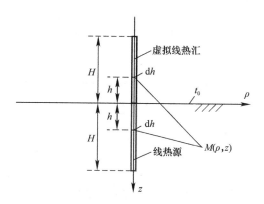

图2-2 有限长线热源模型几何关系图

由于钻孔外导热问题的线性叠加特性,通过叠加线热源和虚拟线热汇各微元段在柱坐标中 $M(\rho, z)$ 点 τ 时刻产生的过余温度,过余温度计算公式如式(2-10)所示:

$$\theta(\tau,\rho,z) = \frac{q_1}{4\pi\lambda_s} \int_0^{H_s} \left\{ \frac{erfc\left[\frac{\sqrt{\rho^2+(z-h)^2}}{2\sqrt{a_s\tau}}\right]}{\sqrt{\rho^2+(z-h)^2}} - \frac{erfc\left[\frac{\sqrt{\rho^2+(z+h)^2}}{2\sqrt{a_s\tau}}\right]}{\sqrt{\rho^2+(z+h)^2}} \right\} dh \quad (2-10)$$

根据有限长线热源模型,确定阶跃热流作用下单根钻孔地埋管换热器g函数计算公式如式(2-11)~式(2-13)所示:

$$g_{step}(\tau,\rho,z) = \frac{1}{2} \int_0^{H_s} \left\{ \frac{erfc\left[\frac{\sqrt{\rho^2+(z-h)^2}}{2\sqrt{a_s\tau}}\right]}{\sqrt{\rho^2+(z-h)^2}} - \frac{erfc\left[\frac{\sqrt{\rho^2+(z+h)^2}}{2\sqrt{a_s\tau}}\right]}{\sqrt{\rho^2+(z+h)^2}} \right\} dh \quad (2-11)$$

$$erfc(x) = 1 - erf(x) \quad (2-12)$$

$$erf(x) = \frac{2}{\sqrt{\pi}} \int_x^\infty e^{-y^2} dy \quad (2-13)$$

式中　　q_1——线热源的强度(W/m);
　　　　λ_s——岩土介质的导热系数[W/(m·k)];
$g_{step}(\tau,\rho,z)$——阶跃热流下单根钻孔地埋管换热器g函数;
　　　　τ——时间(s);
　　　　ρ——距离钻孔中心线的水平间距(m);
　　　　z——深度(m);
　　　　a_s——均一岩土介质的热扩散系数(m²/s);

H_s——钻孔深度（m）；
h ——积分变量；
$erf(x)$ ——高斯误差函数；
$erfc(x)$ ——互补误差函数。

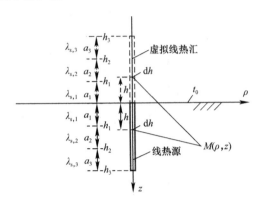

图2-3 分层有限长线热源模型几何关系图

如图2-3所示，若浅层土壤源深度方向岩土物性差异很大，无法视为均一介质，可采用分层均一物性假设下的分层有限长线热源模型，过余温度计算公式如式（2-14）所示：

$$\theta(\tau,\rho,z) = \sum_{i=1}^{n} \frac{q_1}{4\pi\lambda_{s,i}} \left(\int_{(\sum_{j=1}^{i} H_{s,j})-H_{s,i}}^{\sum_{j=1}^{i} H_{s,j}} \left\{ \frac{erfc\left[\frac{\sqrt{\rho^2+(z-h)^2}}{2\sqrt{a_i\tau}}\right]}{\sqrt{\rho^2+(z-h)^2}} - \frac{erfc\left[\frac{\sqrt{\rho^2+(z+h)^2}}{2\sqrt{a_i\tau}}\right]}{\sqrt{\rho^2+(z+h)^2}} \right\} dh \right)$$

(2-14)

根据分层有限长线热源模型确定的单根钻孔地埋管换热器的 g 函数计算公式，如式（2-15）、式（2-16）所示：

$$g_{step}(\tau,\rho,z) = \tilde{\lambda}_s \sum_{i=1}^{n} \left(\frac{1}{2\lambda_{s,i}} \int_{(\sum_{j=1}^{i} H_{s,j})-H_{s,i}}^{\sum_{j=1}^{i} H_{s,j}} \left\{ \frac{erfc\left[\frac{\sqrt{\rho^2+(z-h)^2}}{2\sqrt{a_{s,i}\tau}}\right]}{\sqrt{\rho^2+(z-h)^2}} - \frac{erfc\left[\frac{\sqrt{\rho^2+(z+h)^2}}{2\sqrt{a_{s,i}\tau}}\right]}{\sqrt{\rho^2+(z+h)^2}} \right\} dh \right)$$

(2-15)

$$\tilde{\lambda}_s = \sum \frac{\lambda_{s,i} H_{s,i}}{H_s}$$

(2-16)

式中 q_1 ——线热源的强度（W/m）；
$\lambda_{s,i}$ ——第 i 层岩土的分层导热系数 [W/(m·K)]；
H_s ——钻孔深度（m），其中 $H_{s,i}$、$H_{s,j}$ 分别代表第 i 层和第 j 层岩土介质的深度；
$\tilde{\lambda}_s$ ——岩土介质的综合导热系数 [W/(m·K)]，基于岩土分层的导热系数 λ_s 所确定的整个岩土介质的加权平均导热系数；
$a_{s,i}$ ——第 i 层的岩土热扩散系数（m²/s）。

3. 单位矩形脉冲热流单根钻孔地埋管换热器 g 函数

基于钻孔外传热问题的线性叠加原理，通过将两个阶跃热流作用叠加可得到单根钻孔地埋管换热器在单位矩形脉冲热流作用下无量纲温度响应,即单位矩形脉冲热流单根钻孔地埋管换热器 g 函数。

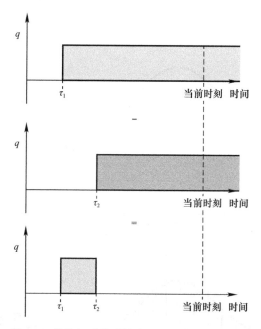

图 2-4 单位矩形脉冲热流温度响应叠加示意图

如图 2-4 所示,在距离计算时刻 $[\tau_1,\tau_2]$ 时长的时间间隔内,单根钻孔地埋管换热器在单位矩形脉冲热流作用下无量纲温度响应计算公式,如式(2-17)所示:

$$g_{\text{rect}}(\tau_1,\tau_2,\rho,z)=g_{\text{step}}(\tau_1,\rho,z)-g_{\text{step}}(\tau_2,\rho,z) \tag{2-17}$$

式中 $g_{\text{rect}}(\tau_1,\tau_2,\rho,z)$——在距离计算时刻 $[\tau_1,\tau_2]$ 时长的时间间隔内,单位矩形脉冲热流地埋管换热器 g 函数;

τ_1——τ_1 时刻距计算时刻的时长(s);

τ_2——τ_2 时刻距计算时刻的时长(s)。

4. 阶梯热流作用下地埋管钻孔群状态评估

对于浅层地热源地埋管钻孔群而言,若钻孔内传热简化为一维稳态导热模型,且钻孔内模型和钻孔外模型基于钻孔群壁面相互耦合,钻孔群壁面温度直接决定钻孔群换热器的换热性能,利用 $z=H_s/2$ 处钻孔群壁面过余温度作为状态变量 S_{state},以评估地埋管钻孔群换热能力。

在距离计算时刻 $[\tau_1,\tau_2]$ 时长的时间间隔内,在第 j 根钻孔地埋管换热器位置处的单位矩形脉冲热流作用下,第 i 根钻孔外壁面处的无量纲温度响应计算公式如式(2-18)所示:

$$G_{i,j}(\tau_1,\tau_2,r_{i,j})=g_{\text{rect}}(\tau_1,\tau_2,\rho,H_s/2) \tag{2-18}$$

浅层地热源侧各钻孔连续变化热流影响钻孔群壁面过余温度,如图 2-5 所示,根据一个连续矩形脉冲热流序列近似实际随时间变化的连续热流,简化后各钻孔地埋管换热器群的连续变化热流引起的第 i 个钻孔的钻孔壁处(以钻孔中间位置为代表)的过余温度计算公式如式（2-19）所示：

$$S_{\text{state},i} = \frac{c_p}{2\pi\widetilde{\lambda}_s H_s} \sum_{j=1}^{N} \sum_{k=0}^{K-1} M_j^k (T_{j,1}^k - T_{j,2}^k) G_{i,j}^k (\tau_1^k, \tau_2^k, r_{i,j}) \tag{2-19}$$

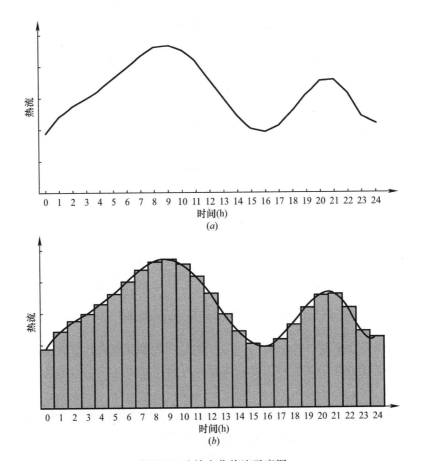

图 2-5 连续变化热流示意图

（a）浅层地热源连续变化热流示意图；（b）矩形脉冲热流序列近似连续变化热流示意图

连续变化热流引起的钻孔地埋管换热器群状态变量 $\boldsymbol{S}_{\text{state}}$ 如式（2-20）所示：

$$\boldsymbol{S}_{\text{state}} = [S_{\text{state},i}] \tag{2-20}$$

式中　$S_{\text{state},i}$——各钻孔地埋管换热器群历史连续变化热流引起的第 i 个钻孔的钻孔壁处的过余温度（℃）；

c_p——流体工质的比热容 [kJ/(kg·K)]；

$\widetilde{\lambda}_s$——岩土介质的综合导热系数 [W/(m·K)]，基于岩土分层的导热系数 λ_s 所确定的整个岩土介质的综合导热系数；

H_s——钻孔孔深（m）；

M_j^k——第 k 个时间间隔内，钻孔 j 地埋管换热器的质量流量（kg/s）；

$T_{j,1}^k$——第 k 个时间间隔内，钻孔 j 地埋管换热器的入口温度（℃）；

$T_{j,2}^k$——第 k 个时间间隔内，钻孔 j 地埋管换热器的出口温度（℃）；

τ_1^k ——第 k 个时间间隔内，起始时刻距计算时刻的时长（s）；
τ_2^k ——第 k 个时间间隔内，终止时刻距计算时刻的时长（s）；
$r_{i,j}$ ——钻孔 i 至钻孔 j 之间的距离。

2.1.3 地埋管钻孔群三维非稳态传热离散传递矩阵模型

在研究特定质量流量、特定入口温度下，地埋管钻孔群当前时间间隔内热响应时，因浅层地热源取放热"热"堆积作用，在研究时间间隔内地埋管换热器出水温度会有所变化，假定研究时间间隔内出水温度恒定，即用矩形脉冲热流近似研究时间间隔内实际连续变化热流，根据钻孔内外耦合界面——钻孔壁面温度一致的耦合关系，联立求解钻孔内外传热数学模型，解得地埋管换热器出水温度。

基于钻孔外传热数学模型，确定研究时间间隔结束时刻各钻孔外壁面温度，钻孔 i 地埋管换热器钻孔外壁面的代表过余温度计算公式，如式（2-21）所示：

$$\theta_{b,i}(\tau) = S_{\text{state},i} + \frac{c_p}{2\pi\tilde{\lambda}_s H_s} \sum_{j=1}^{N} M_j^K (T_{j,1}^K - T_{j,2}^K) G_{i,j}^K (\tau_1^K, \tau_2^K, r_{i,j}) \tag{2-21}$$

式中 M_j^K ——当前时间间隔内，钻孔 j 地埋管换热器的质量流量（kg/s）；
$T_{j,1}^K$ ——当前时间间隔内，钻孔 j 地埋管换热器的入口温度（℃）；
$T_{j,2}^K$ ——当前时间间隔内，钻孔 j 地埋管换热器的出口温度（℃）；
τ_1^K ——当前时间间隔的起始时刻至所研究钻孔外壁面温度时刻的时长（s）；
τ_2^K ——当前时间间隔的结束时刻至所研究钻孔外壁面温度时刻的时长（s）。

基于线性代数理论，由钻孔外传热数学模型确定钻孔群外壁面的过余温度，矩阵格式计算公式如式（2-22）所示：

$$\begin{bmatrix} \theta_{b,1}(\tau) \\ \theta_{b,2}(\tau) \\ \vdots \\ \theta_{b,N}(\tau) \end{bmatrix} = \frac{c_p}{2\pi\tilde{\lambda}_s H_s} \begin{bmatrix} G_{1,1}^K & G_{1,2}^K & \cdots & G_{1,N}^K \\ G_{2,1}^K & G_{2,2}^K & \cdots & G_{2,N}^K \\ \vdots & \vdots & \ddots & \vdots \\ G_{N,1}^K & G_{N,2}^K & \cdots & G_{N,N}^K \end{bmatrix} \begin{bmatrix} M_1^K(T_{1,1}^K - T_{1,2}^K) \\ M_2^K(T_{2,1}^K - T_{2,2}^K) \\ \vdots \\ M_N^K(T_{N,1}^K - T_{N,2}^K) \end{bmatrix} + \begin{bmatrix} S_{\text{state},1} \\ S_{\text{state},2} \\ \vdots \\ S_{\text{state},N} \end{bmatrix}$$

$$(2\text{-}22)$$

令：

$$\boldsymbol{M}^K = \begin{bmatrix} M_1^K & & & \\ & M_2^K & & \\ & & \ddots & \\ & & & M_N^K \end{bmatrix}, \quad \boldsymbol{T}_1^K = \begin{bmatrix} T_{1,1}^K \\ T_{2,1}^K \\ \vdots \\ T_{N,1}^K \end{bmatrix}, \quad \boldsymbol{T}_2^K = \begin{bmatrix} T_{1,2}^K \\ T_{2,2}^K \\ \vdots \\ T_{N,2}^K \end{bmatrix},$$

$$\boldsymbol{S}_{\text{state}} = \begin{bmatrix} S_{\text{state},1} \\ S_{\text{state},2} \\ \vdots \\ S_{\text{state},N} \end{bmatrix},$$

$$\boldsymbol{G}^K = \begin{bmatrix} G_{1,1}^K & G_{1,2}^K & \cdots & G_{1,N}^K \\ G_{2,1}^K & G_{2,2}^K & \cdots & G_{2,N}^K \\ \vdots & \vdots & \ddots & \vdots \\ G_{N,1}^K & G_{N,2}^K & \cdots & G_{N,N}^K \end{bmatrix}, \boldsymbol{\theta}_b^K = \begin{bmatrix} \theta_{b,1}^K \\ \theta_{b,2}^K \\ \vdots \\ \theta_{b,N}^K \end{bmatrix} = \begin{bmatrix} \theta_{b,1}(\tau) \\ \theta_{b,2}(\tau) \\ \vdots \\ \theta_{b,N}(\tau) \end{bmatrix}, \zeta = \frac{c_p}{2\pi \widetilde{\lambda}_s H_s},$$

$$\gamma = \frac{c_p R_b}{H_s}。$$

整理后可得式（2-23）：

$$\boldsymbol{\theta}^K = \zeta \boldsymbol{G}^K \boldsymbol{M}^K (\boldsymbol{T}_1^K - \boldsymbol{T}_2^K) + \boldsymbol{S}_{\text{state}} \tag{2-23}$$

式中 $\boldsymbol{\theta}_b^K$——各钻孔地埋管换热器群钻孔壁面处的过余温度向量（℃）；

ζ——表征岩土介质传热性能的特征变量；

γ——表征岩土介质传热热阻的特征变量；

H_s——钻孔孔深（m）；

$\boldsymbol{G}^K$——当前时间间隔内，单位矩形热流作用下钻孔群地埋管换热器 g 函数；

$\boldsymbol{M}^K$——当前时间间隔内，钻孔群地埋管换热器的质量流量矩阵（kg/s）；

$\boldsymbol{T}_1^K$——当前时间间隔内，钻孔群地埋管换热器的入口温度向量（℃）；

$\boldsymbol{T}_2^K$——当前时间间隔内，钻孔群地埋管换热器的出口温度向量（℃）；

$\boldsymbol{S}_{\text{state}}$——各钻孔地埋管换热器群历史连续变化热流引起的钻孔群钻孔壁面处过余温度向量（℃）。

对于单 U 形地埋管换热器和双 U 形地埋管换热器，以地埋管换热器进出口水温的平均值 $T_{i,f}^K$ 作为地埋管内传热流体的定性温度，基于钻孔内传热数学模型的地埋管换热器的热平衡方程，确定当前时间间隔内钻孔 i 地埋管换热器钻孔外壁面的代表过余温度，计算公式如式（2-24）~式（2-27）所示：

$$q_i^K H_s = M_i^K c_p (T_{i,1}^K - T_{i,2}^K) \tag{2-24}$$

$$T_{i,f}^K = \frac{T_{i,1}^K + T_{i,2}^K}{2} \tag{2-25}$$

$$T_{i,b}^K = \theta_{i,b}^K + T_0 \tag{2-26}$$

$$q_i^K R_b = T_{i,f}^K - T_{i,b}^K \tag{2-27}$$

将式（2-24）~式（2-26）代入式（2-27），可得：

$$\frac{\dfrac{T_{i,1}^K + T_{i,2}^K}{2} - (\theta_{i,b}^K + T_0)}{R_b} = \frac{c_p M_i^K (T_{i,1}^K - T_{i,2}^K)}{H_s} \tag{2-28}$$

$$\theta_{i,b}^K = \frac{H_s - 2c_p M_i^K R_b}{2H_s} T_{i,1}^K + \frac{H_s + 2c_p M_i^K R_b}{2H_s} T_{i,2}^K - T_0 \tag{2-29}$$

式中 q_i^K——当前时间间隔内，钻孔 i 地埋管换热器的热流（W/m）；

$T_{i,f}^K$——当前时间间隔内，钻孔 i 地埋管换热器内传热流体的定性温度（℃）；

R_b——钻孔内热阻（m·K/W）；

$T_{i,b}^K$——当前时间间隔内，钻孔 i 地埋管换热器钻孔外壁面的代表温度（℃）；

$\theta_{i,b}^K$——当前时间间隔内，钻孔 i 地埋管换热器钻孔外壁面的代表过余温度（℃）；

T_0——过余温度的零点，岩土介质表面温度（℃）。

基于线性代数理论，由钻孔内传热数学模型确定钻孔群外壁面的过余温度，矩阵格式计算公式如式（2-30）所示：

$$\begin{bmatrix} \theta_1^K \\ \theta_2^K \\ \vdots \\ \theta_N^K \end{bmatrix} = \begin{bmatrix} \dfrac{H_s - 2c_p M_1^K R_b}{2H_s} & & & \\ & \dfrac{H_s - 2c_p M_2^K R_b}{2H_s} & & \\ & & \ddots & \\ & & & \dfrac{H_s - 2c_p M_N^K R_b}{2H_s} \end{bmatrix} \begin{bmatrix} T_{1,1}^K \\ T_{2,1}^K \\ \vdots \\ T_{N,1}^K \end{bmatrix} +$$

$$\begin{bmatrix} \dfrac{H_s + 2c_p M_1^K R_b}{2H_s} & & & \\ & \dfrac{H_s + 2c_p M_2^K R_b}{2H_s} & & \\ & & \ddots & \\ & & & \dfrac{H_s + 2c_p M_N^K R_b}{2H_s} \end{bmatrix} \begin{bmatrix} T_{1,2}^K \\ T_{2,2}^K \\ \vdots \\ T_{N,2}^K \end{bmatrix} - \begin{bmatrix} T_0 \\ T_0 \\ \vdots \\ T_0 \end{bmatrix}$$

(2-30)

令：

$$\boldsymbol{A}^K = \begin{bmatrix} \dfrac{H_s - 2c_p M_1^K R_b}{2H_s} & & & \\ & \dfrac{H_s - 2c_p M_2^K R_b}{2H_s} & & \\ & & \ddots & \\ & & & \dfrac{H_s - 2c_p M_N^K R_b}{2H_s} \end{bmatrix} = \dfrac{1}{2} - \gamma \boldsymbol{M}^K,$$

$$\boldsymbol{B}^K = \begin{bmatrix} \dfrac{H_s + 2c_p M_1^K R_b}{2H_s} & & & \\ & \dfrac{H_s + 2c_p M_2^K R_b}{2H_s} & & \\ & & \ddots & \\ & & & \dfrac{H_s + 2c_p M_N^K R_b}{2H_s} \end{bmatrix} = \dfrac{1}{2} + \gamma \boldsymbol{M}^K,$$

$$\boldsymbol{T}_0 = \begin{bmatrix} T_0 \\ T_0 \\ \vdots \\ T_0 \end{bmatrix}.$$

整理后可得：
$$\boldsymbol{\theta}^K = \boldsymbol{A}^K \boldsymbol{T}_1^K + \boldsymbol{B}^K \boldsymbol{T}_2^K - \boldsymbol{T}_0 \tag{2-31}$$

联立基于钻孔内传热模型与钻孔外传热模型确定的钻孔群外壁面的过余温度，计算当前时间间隔内各钻孔地埋管换热器的出口温度 $\boldsymbol{T}_2^K$，联立公式（2-23）与公式（2-31），可得：
$$\boldsymbol{A}^K \boldsymbol{T}_1^K + \boldsymbol{B}^K \boldsymbol{T}_2^K - \boldsymbol{T}_0 = \zeta \boldsymbol{G}^K \boldsymbol{M}^K (\boldsymbol{T}_1^K - \boldsymbol{T}_2^K) + \boldsymbol{S}_{\text{state}} \tag{2-32}$$

整理后可解得：
$$\boldsymbol{T}_2^K = (\boldsymbol{B}^K + \zeta \boldsymbol{G}^K \boldsymbol{M}^K)^{-1} [(\zeta \boldsymbol{G}^K \boldsymbol{M}^K - \boldsymbol{A}^K) \boldsymbol{T}_1^K + \boldsymbol{S}_{\text{state}} + \boldsymbol{T}_0] \tag{2-33}$$

2.2 浅层土壤源地埋管群水力数学模型

本节通过建立浅层土壤源地埋管群管网阻抗数学模型、浅层土壤源侧循环泵组数学模型，确定特定运行工况、特定运行频率下浅层土壤源侧地埋管换热器运行流量。

2.2.1 浅层土壤源地埋管群管网阻抗数学模型

浅层土壤源地埋管群管网总阻抗值 S_g 分为三部分：浅层土壤源循环水总管阻抗 $S_{g,1}$、并联运行的浅层土壤源地埋管群分区的总阻抗 $S_{g,2}$、并联运行的地源热泵机组冷凝器或蒸发器总阻抗 $S_{g,3}$。

浅层土壤源地埋管群管网总阻抗计算公式如式（2-34）所示：
$$S_g = S_{g,1} + S_{g,2} + S_{g,3} \tag{2-34}$$

式中 S_g——浅层土壤源地埋管群管网总阻抗 $[\text{m}/(\text{m}^3/\text{h})^2]$；

$S_{g,1}$——浅层土壤源循环水总管阻抗 $[\text{m}/(\text{m}^3/\text{h})^2]$；

$S_{g,2}$——并联运行的浅层土壤源地埋管群分区的总阻抗 $[\text{m}/(\text{m}^3/\text{h})^2]$；

$S_{g,3}$——并联运行的地源热泵机组冷凝器或蒸发器总阻抗 $[\text{m}/(\text{m}^3/\text{h})^2]$。

1. 浅层土壤源地埋管群分区的总阻抗

根据浅层土壤源各地埋管群分区阻抗 $\boldsymbol{S}_{g,\text{sub}}$（$\boldsymbol{S}_{g,\text{sub}} = \{s_{g,\text{sub},1}, s_{g,\text{sub},2}, \cdots, s_{g,\text{sub},n_g}\}$）和地埋管群分区运行变量 $\boldsymbol{R}_g$（$\boldsymbol{R}_g = \{r_{g,1}\ r_{g,2}, \cdots, r_{g,n_g}\}$），若第 i 个地埋管群分区运行，则 $r_{g,i} = 1$，若第 i 个地埋管群分区不运行，则 $r_{g,i} = 0$，确定并联运行的浅层土壤源地埋管群分区的总阻抗 $S_{g,2}$，并联运行的浅层土壤源地埋管群分区的总阻抗计算公式如式（2-35）所示：

$$S_{g,2} = \frac{1}{\left(\dfrac{r_{g,1}}{\sqrt{s_{g,\text{sub},1}}} + \dfrac{r_{g,2}}{\sqrt{s_{g,\text{sub},2}}} + \cdots \dfrac{r_{g,n_g}}{\sqrt{s_{g,\text{sub},n_g}}} \right)^2} \tag{2-35}$$

式中 $r_{g,i}$——第 i 个地埋管群分区是否运行，运行为 1，不运行为 0，$i \in [1, n_g]$；

$s_{g,\text{sub},i}$——第 i 个地埋管群分区的阻抗 $[\text{m}/(\text{m}^3/\text{h})^2]$，$i \in [1, n_g]$；

n_g——浅层土壤源地埋管群分区数量。

2. 地源热泵机组换热器总阻抗

供冷季地埋管群分区与地源热泵机组冷凝器相连通，根据各地源热泵机组冷凝器阻抗 $\boldsymbol{S}_{\text{cond}}$（$\boldsymbol{S}_{\text{cond}} = \{s_{\text{cond},1}, s_{\text{cond},2}, \cdots, s_{\text{cond},n_{\text{gshp}}}\}$）及地源热泵机组运行变量 $\boldsymbol{R}_{\text{gshp}}$（$\boldsymbol{R}_{\text{gshp}} = \{r_{\text{gshp},1}$

$r_{\text{gshp},2}, \cdots, r_{\text{gshp},n_{\text{gshp}}}\}$),若第 i 个地源热泵机组运行,则 $r_{\text{gshp},i}=1$,若第 i 个地源热泵机组不运行,则 $r_{\text{gshp},i}=0$,供冷季并联运行的地源热泵机组换热器总阻抗计算公式如式(2-36)所示:

$$S_{g,3} = \cfrac{1}{\left(\cfrac{r_{\text{gshp},1}}{\sqrt{s_{\text{cond},1}}} + \cfrac{r_{\text{gshp},2}}{\sqrt{s_{\text{cond},2}}} + \cdots \cfrac{r_{\text{gshp},n_{\text{gshp}}}}{\sqrt{s_{\text{cond},n_{\text{gshp}}}}}\right)^2} \quad (2\text{-}36)$$

式中 $r_{\text{gshp},i}$ ——第 i 个地源热泵机组是否运行,运行为1,不运行为0,$i \in [1, n_{\text{gshp}}]$;

$s_{\text{cond},i}$ ——第 i 个地源热泵机组冷凝器的阻抗 $[\text{m}/(\text{m}^3/\text{h})^2]$,$i \in [1, n_{\text{gshp}}]$;

n_{gshp} ——地源热泵机组数目。

若地源热泵系统采取相同的地源热泵机组,则供冷季并联运行的地源热泵机组换热器总阻抗计算公式可简化为:

$$S_{g,3} = \cfrac{1}{\left(\cfrac{\hat{n}_{\text{gshp}}}{\sqrt{s_{\text{cond},i}}}\right)^2} \quad (2\text{-}37)$$

$$\hat{n}_{\text{gshp}} = \| \boldsymbol{R}_{\text{gshp}} \|_0 \quad (2\text{-}38)$$

式中 $\hat{n}_{\text{gshp}}$ ——地源热泵机组运行数目。

供暖季地埋管群分区与地源热泵机组蒸发器相连通,根据各地源热泵机组蒸发器阻抗 $\boldsymbol{S}_{\text{evap}}$($\boldsymbol{S}_{\text{evap}} = \{s_{\text{evap},1}, s_{\text{evap},2}, \cdots, s_{\text{evap},n_{\text{gshp}}}\}$)及地源热泵机组运行变量 $\boldsymbol{R}_{\text{gshp}}$($\boldsymbol{R}_{\text{gshp}} = \{r_{\text{gshp},1}, r_{\text{gshp},2}, \cdots, r_{\text{gshp},n_{\text{gshp}}}\}$),若第 i 个地源热泵机组运行,则 $r_{\text{gshp},i}=1$,若第 i 个地源热泵机组不运行,则 $r_{\text{gshp},i}=0$,供暖季并联运行的地源热泵机组换热器总阻抗计算公式如式(2-39)所示:

$$S_{g,3} = \cfrac{1}{\left(\cfrac{r_{\text{gshp},1}}{\sqrt{s_{\text{evap},1}}} + \cfrac{r_{\text{gshp},2}}{\sqrt{s_{\text{evap},2}}} + \cdots \cfrac{r_{\text{gshp},n_{\text{gshp}}}}{\sqrt{s_{\text{evap},n_{\text{gshp}}}}}\right)^2} \quad (2\text{-}39)$$

若地源热泵系统采取相同的地源热泵机组,则供暖季并联运行的地源热泵机组换热器总阻抗计算公式可简化为:

$$S_{g,3} = \cfrac{1}{\left(\cfrac{\hat{n}_{\text{gshp}}}{\sqrt{s_{\text{evap},i}}}\right)^2} \quad (2\text{-}40)$$

$$\hat{n}_{\text{gshp}} = \| \boldsymbol{R}_{\text{gshp}} \|_0 \quad (2\text{-}41)$$

式中 $s_{\text{evap},i}$ ——第 i 个地源热泵机组冷蒸发器阻抗 $[\text{m}/(\text{m}^3/\text{h})^2]$,$i \in [1, n_{\text{gshp}}]$。

2.2.2 浅层土壤源循环泵组数学模型

浅层土壤源循环泵组数学模型用于描述浅层土壤源侧循环泵组运行特性,考虑泵组的流量、扬程、功率等参数,根据浅层土壤源循环泵组的性能曲线和运行特性,构建浅层土壤源循环泵组数学模型。

1. 单台循环水泵满频运行特性

单台循环水泵满频时的流量扬程特性曲线计算公式如式(2-42)所示:

$$h_{g,i} = a_{0,g,i} + a_{1,g,i} G_{g,i} + a_{2,g,i} G_{g,i}^2 \quad (2\text{-}42)$$

循环水泵通过变频技术调节循环流量，频率为 f_g 时循环水泵的流量扬程特性曲线计算公式如式（2-43）所示：

$$h_{g,i}=h_{g,i}(G_{g,i},f_g)=(f_g/50)^2 a_{0,g,i}+(f_g/50)a_{1,g,i}G_{g,i}+a_{2,g,i}G_{g,i}^2 \quad (2-43)$$

式中　　　　f_g——频率（Hz）；

$h_{g,i}$——第 i 台循环水泵扬程（m）；

$G_{g,i}$——第 i 台循环水泵流量（m³/h）；

$a_{0,g,i}$、$a_{1,g,i}$、$a_{2,g,i}$——第 i 台循环水泵流量扬程特性曲线系数。

单台循环水泵满频时的流量效率特性曲线计算公式如式（2-44）所示：

$$\eta_{g,i}=b_{0,g,i}+b_{1,g,i}G_{g,i}+b_{2,g,i}G_{g,i}^2 \quad (2-44)$$

循环水泵通过变频技术调节循环流量，频率为 f_g 时循环水泵的流量效率特性曲线计算公式如式（2-45）所示：

$$\eta_{g,i}=\eta_{g,i}(G_{g,i},f_{g,i})=b_{0,g,i}+\frac{b_{1,g,i}}{(f_{g,i}/50)}G_{g,i}+\frac{b_{2,g,i}}{(f_{g,i}/50)^2}G_{g,i}^2 \quad (2-45)$$

式中　　　　$\eta_{g,i}$——第 i 台循环水泵效率；

$b_{0,g,i}$、$b_{1,g,i}$、$b_{2,g,i}$——第 i 台循环水泵流量效率特性曲线系数。

循环水泵的功率计算公式如式（2-46）所示：

$$P_{p,g,i}=P_{p,g,i}(G_{g,i},f_g)=\gamma G_{g,i}h_{g,i}/\eta_{g,i}=\gamma G_{g,i}h_{g,i}(G_{g,i},f_g)/\eta_{g,i}(G_{g,i},f_g) \quad (2-46)$$

式中　$P_{p,g,i}$——循环水泵功率（kW）；

γ——传热介质循环水重力密度（N/m³）。

2. 浅层土壤源循环泵组运行特性

浅层土壤源循环泵组运行特性，不仅与各台循环水泵本身的运行特性有关，也与循环泵组运行工况相关（循环水泵启停情况、循环水泵运行频率），基于浅层土壤源侧循环泵组运行变量 $\boldsymbol{R}_{p,g}$（$\boldsymbol{R}_{p,g}=\{r_{p,g,1}\ \ r_{p,g,2},\cdots,r_{p,g,n_{p,g}}\}$），若第 i 台循环水泵运行，$r_{p,g,i}=1$，否则 $r_{p,g,i}=0$，浅层土壤源循环泵组的流量扬程特性曲线计算公式如式（2-47）所示：

$$\begin{cases} h_{g,1}=(f_{g,1}/50)^2 a_{0,g,1}+(f_{g,1}/50)a_{1,g,1}G_{g,1}+a_{2,g,1}G_{g,1}^2 \\ h_{g,2}=(f_{g,2}/50)^2 a_{0,g,1}+(f_{g,1}/50)a_{1,g,2}G_{g,2}+a_{2,g,2}G_{g,2}^2 \\ h_{g,i}=(f_{g,i}/50)^2 a_{0,g,i}+(f_{g,i}/50)a_{1,g,i}G_{g,i}+a_{2,g,i}G_{g,i}^2 \\ h_{g,n_{p,g}}=(f_{g,n_{p,g}}/50)^2 a_{0,g,n_{p,g}}+(f_{g,n_{p,g}}/50)a_{1,g,n_{p,g}}G_{g,n_{p,g}}+a_{2,g,n_{p,g}}G_{g,n_{p,g}}^2 \\ \boldsymbol{R}_{p,g}=[r_{p,g1}\ \ r_{p,g,2},\cdots,r_{p,g,n_{p,g}}] \end{cases} \quad (2-47)$$

$$\Downarrow$$

$$h_g=a_{0,g}+a_{1,g}G_g+a_{2,g}G_g^2$$

若浅层土壤源并联循环水泵型号一致，且泵组统一变频，故基于单台浅层土壤源循环水泵变频时的流量扬程特性曲线和浅层土壤源循环水泵运行变量 $\boldsymbol{R}_{g,p}$，浅层土壤源循环泵组的流量扬程特性曲线计算公式如式（2-48）所示：

$$\begin{cases} h_{g,i}=(f_g/50)^2 a_{0,g,i}+(f_g/50)a_{1,g,i}G_{g,i}+a_{2,g,i}G_{g,i}^2 \\ \boldsymbol{R}_{p,g}=[r_{p,g,1}\ \ r_{p,g,2},\cdots,r_{p,g,n_{p,g}}] \end{cases} \quad (2-48)$$

$$\Downarrow$$

$$h_g=a_{0,g}+a_{1,g}G_g+a_{2,g}G_g^2$$

式中 $r_{p,g,i}$——第 i 台浅层土壤源侧循环水泵是否运行，$i \in [1, n_{p,g}]$，若运行 $r_{p,g,i}=1$，否则 $r_{p,g,i}=0$；

$n_{p,g}$——浅层土壤源侧循环水泵数目；

f_g——浅层土壤源侧循环泵组运行频率（Hz）；

h_g——浅层土壤源侧循环泵组运行扬程（m）；

G_g——浅层土壤源侧循环泵组运行流量（m³/h）；

$a_{0,g}$、$a_{1,g}$、$a_{2,g}$——浅层土壤源侧循环泵组流量扬程特性曲线系数。

3. 浅层土壤源地埋管群水力数学模型

基于浅层土壤源侧管网总阻抗 S_g、浅层土壤源侧循环泵组变频流量扬程特性，确定浅层土壤源侧循环泵组运行流量 G_g 和运行扬程 h_g，计算公式如式（2-49）所示：

$$\begin{cases} h_g = S_g G_g^2 \\ h_g = a_{0,g} + a_{1,g} G_g + a_{2,g} G_g^2 \end{cases} \Rightarrow \begin{cases} h_g \\ G_g \end{cases} \tag{2-49}$$

式中 h_g——浅层土壤源侧循环泵组运行扬程（m）；

S_g——浅层土壤源侧管网总阻抗 [m/(m³/h)²]；

G_g——浅层土壤源侧循环泵组运行流量（m³/h）；

$a_{0,g}$、$a_{1,g}$、$a_{2,g}$——浅层土壤源侧循环泵组流量扬程特性曲线系数。

浅层土壤源侧并联循环水泵型号一致，且泵组统一变频，则单台循环水水泵的流量为 $\dfrac{G_g}{\hat{n}_{p,g}}$，单台循环水水泵的扬程为 h_g，根据公式（2-46）可确定浅层土壤源侧单台循环水泵功率 $P_{p,g,i}$，循环泵组的功率计算公式如式（2-50）所示：

$$P_{p,g} = \sum_{i=1}^{n_{p,g}} r_{p,g,i} P_{p,g,i} = \hat{n}_{p,g} P_{p,g,i} = \| \boldsymbol{R}_{p,g} \|_0 P_{p,g,i} \tag{2-50}$$

式中 $\hat{n}_{p,g} = \| \boldsymbol{R}_{p,g} \|_0$——浅层土壤源侧循环水泵运行数目；

$P_{p,g}$——浅层土壤源侧循环水泵泵组运行功率（kW）。

浅层土壤源侧循环泵组运行特性（运行流量 G_g、运行扬程 h_g、运行功率 $P_{p,g}$）与运行模式 R_m、地埋管群分区运行变量 $\boldsymbol{R}_g$、循环水泵运行数目 $\hat{n}_{p,g}$、地源热泵机组运行数目 $\hat{n}_{gshp}$、循环泵组运行频率 f_g 相关：

$$\begin{cases} G_g = G_g(R_m, \boldsymbol{R}_g, \hat{n}_{p,g}, \hat{n}_{gshp}, f_g) \\ h_g = h_g(R_m, \boldsymbol{R}_g, \hat{n}_{p,g}, \hat{n}_{gshp}, f_g) \\ P_{p,g} = P_{p,g}(R_m, \boldsymbol{R}_g, \hat{n}_{p,g}, \hat{n}_{gshp}, f_g) \end{cases} \tag{2-51}$$

各浅层土壤源地埋管群分区运行流量 $G_{g,i}$ 计算公式如式（2-52）所示：

$$G_{g,i} = \frac{\dfrac{r_{g,i}}{\sqrt{s_{g,\text{sub},i}}} G_g}{\dfrac{r_{g,1}}{\sqrt{s_{g,\text{sub},1}}} + \dfrac{r_{g,2}}{\sqrt{s_{g,\text{sub},2}}} + \cdots \dfrac{r_{g,n_g}}{\sqrt{s_{g,\text{sub},n_g}}}} \tag{2-52}$$

2.3 浅层土壤源大型地埋管群简化优化方法

针对地源热泵系统浅层土壤源大型地埋管群，本节提出的浅层土壤源地埋管群简化方法，通过辨识各地埋管群分区排布方式，在保证仿真精度的前提下，对浅层土壤源各地埋管群分布、几何位置信息进行简化，以降低大型地源热泵系统浅层土壤源模型计算复杂度，为地源热泵系统性能预测、运行决策、滚动时域优化控制等奠定基础。

2.3.1 地埋管群分区排布方式辨识

针对大型矩形分布地埋管群简化，不仅要考虑地埋管群分区单根钻孔的空间影响域，同时也要考虑地埋管群分区间的相互影响。如图 2-6 所示，常见的地埋管群分区排布方式分为 x 方向串型分布、y 方向串型分布、其他分布，不同的分区排布方式，采取不同的简化方法，以尽可能使简化模型不失真。

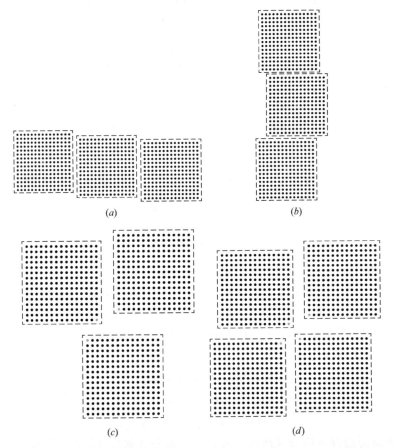

图 2-6 地埋管群分区排布方式图
(a) x 方向串型分布；(b) y 方向串型分布；(c) 其他分布 1；(d) 其他分布 2

首先基于各矩形分布地埋管群分区几何中心横坐标向量 $\boldsymbol{X}_{g,c}$ 和纵坐标向量 $\boldsymbol{Y}_{g,c}$（$\boldsymbol{X}_{g,c} = \{x_{g,c,1} \quad x_{g,c,2}, \cdots, x_{g,c,n_g}\}$，$\boldsymbol{Y}_{g,c} = \{y_{g,c,1} \quad y_{g,c,2}, \cdots, y_{g,c,n_g}\}$），确定各矩形分布地埋管群分区几何中心横坐标最小值 $x_{g,c,\min}$、横坐标最大值 $x_{g,c,\max}$、纵坐标最小值 $y_{g,c,\min}$、纵坐标最大值 $y_{g,c,\max}$，计算公式如式（2-53）所示：

$$x_{g,c,\min} = \min(\boldsymbol{X}_{g,c})$$
$$x_{g,c,\max} = \max(\boldsymbol{X}_{g,c})$$

$$y_{g,c,\min}=\min(\boldsymbol{Y}_{g,c})$$
$$y_{g,c,\max}=\max(\boldsymbol{Y}_{g,c}) \tag{2-53}$$

其次基于各矩形分布地埋管群分区长度向量 $\boldsymbol{L}$ 和分区宽度向量 $\boldsymbol{W}$ ($\boldsymbol{L}=\{l_{g,1}\ \ l_{g,2},\ \cdots,\ l_{g,n_g}\}$, $\boldsymbol{W}=\{w_{g,1}\ \ w_{g,2},\ \cdots,\ w_{g,n_g}\}$),确定用于判断地埋管群分区排布方式是否为 x 方向串型分布、y 方向串型分布的 x 方向误差 $\varepsilon_{g,x}$、y 方向误差 $\varepsilon_{g,y}$:

$$\varepsilon_{g,x}=\max(\boldsymbol{L})/2$$
$$\varepsilon_{g,y}=\max(\boldsymbol{W})/2 \tag{2-54}$$

地埋管群分区排布方式判断准则:若地埋管群分区几何中心横坐标最大值 $x_{g,c,\max}$ 与横坐标最小值 $x_{g,c,\min}$ 之差小于 x 方向误差 $\varepsilon_{g,x}$,则地埋管群分区排布方式为 y 方向串型分布;若地埋管群分区几何中心纵坐标最大值 $y_{g,c,\max}$ 与纵坐标最小值 $y_{g,c,\min}$ 之差小于 y 方向误差 $\varepsilon_{g,y}$,则地埋管群分区排布方式为 x 方向串型分布,浅层土壤源地埋管群分布判断准则如式(2-55)所示:

$$x_{g,c,\max}-x_{g,c,\min}\leqslant\varepsilon_{g,x}\Leftrightarrow y\text{ 方向串型分布}$$
$$y_{g,c,\max}-y_{g,c,\min}\leqslant\varepsilon_{g,y}\Leftrightarrow x\text{ 方向串型分布} \tag{2-55}$$
$$x_{g,c,\max}-x_{g,c,\min}>\varepsilon_{g,x},\ y_{g,c,\max}-y_{g,c,\min}>\varepsilon_{g,y}\Leftrightarrow\text{其他分布}$$

2.3.2 串型分布地埋管群分区简化基点

1. y 方向串型分布简化基点

利用快速排序算法,按各矩形分布地埋管群分区几何中心纵坐标 $y_{g,c,i}$ 从小到大的顺序,对各矩形分布地埋管群分区索引向量 $\boldsymbol{I}_{\text{sequ}}$ ($\boldsymbol{I}_{\text{sequ}}=\{1\ \ 2\ \ i\ \ n_g\}$,对应向量 $\boldsymbol{X}_{g,c}$ 和 $\boldsymbol{Y}_{g,c}$ 中的元素下标)进行排序。快速排序算法采用"分而治之"的思想,将待排序的序列分成两个子序列,分别对这两个子序列进行排序,最终得到有序序列。

重新排序后的各矩形分布地埋管群分区索引向量记为 $\boldsymbol{I}_{\text{sort},y}=\{sy_1\ \ sy_2\ \ sy_i\ \ sy_{n_g}\}$,$i\in[1,\ n_g]$,$sy_i\in[1,\ n_g]$。

根据各矩形分布地埋管群分区宽度向量 $\boldsymbol{W}$、各矩形分布地埋管群分区几何中心纵坐标向量 $\boldsymbol{Y}$ 计算各矩形分布地埋管分区群纵向间距向量,即 y 方向间距 $\boldsymbol{D}_y$,如式(2-56)所示:

$$\boldsymbol{D}_y=[d_{y,1}\ \ d_{y,2}\ \ d_{y,i}\ \ d_{y,n_g-1}]$$
$$d_{y,i}=y_{g,c,sy_{i+1}}-y_{g,c,sy_i}-\frac{w_{g,sy_{i+1}}}{2}-\frac{w_{g,sy_i}}{2} \tag{2-56}$$

式中 $\boldsymbol{D}_y$——各矩形分布地埋管群分区纵向间距(m);

$d_{y,i}$——第 sy_i 个地埋管群分区与第 sy_{i+1} 个地埋管群分区纵向间距(m);

w_{g,sy_i}——第 sy_i 个分区宽度(m)。

基于各矩形分布地埋管群分区钻孔行数向量 $\boldsymbol{N}_{\text{row}}$、钻孔列数向量 $\boldsymbol{N}_{\text{col}}$ ($\boldsymbol{N}_{\text{row}}=\{n_{\text{row},1}\ \ n_{\text{row},2}\ \ n_{\text{row},i}\ \ n_{\text{row},n_g}\}$, $\boldsymbol{N}_{\text{col}}=\{n_{\text{col},1}\ \ n_{\text{col},2}\ \ n_{\text{col},i}\ \ n_{\text{col},n_g}\}$)、横纵向间距($\Delta\boldsymbol{X}_g=\{\delta x_{g,1}\ \ \delta x_{g,2}\ \ \delta x_{g,i}\ \ \delta x_{g,n_g}\}$, $\Delta\boldsymbol{Y}_g=\{\delta y_{g,1}\ \ \delta y_{g,2}\ \ \delta y_{g,i}\ \ \delta y_{g,n_g}\}$)、目标简化尺寸 n_s,

如图 2-7 所示，确定各矩形分布地埋管群分区简化基点坐标 $p_{g,b,i}=(x_{g,b,i}, y_{g,b,i})$，简化形式 $form_i$，计算公式如下所示。简化形式指简化基点坐标在地埋管群分区中所处的位置，$form_i=0$，简化基点位于左下角；若 $form_i=1$，简化基点位于右下角；若 $form_i=2$，简化基点位于右上角；若 $form_i=3$，简化基点位于左上角；对于 y 方向串型分布而言所有简化基点均位于左下角。

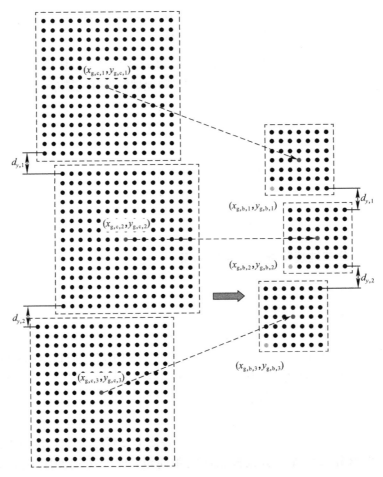

图 2-7 y 方向串型分布简化示意图

$$x_{g,b,i}=x_{g,c,i}-\frac{n_{col,i}-1}{2}\delta x_{g,i}$$

$$l_{y,s,i}=(\min(n_{row,i},n_s)-1)\delta y_{g,i}$$

$$y_{g,b,sy_1}=-\frac{n_{row,sy_1}-1}{2}\delta y_{g,sy_1} \qquad (2\text{-}57)$$

$$y_{g,b,sy_i}=y_{g,b,sy_{i-1}}+\frac{n_{row,sy_{i-1}}-1}{2}\delta y_{g,sy_{i-1}}+\frac{l_{y,s,sy_{i-1}}+l_{y,s,sy_i}}{2}+d_{y,i-1}-\frac{n_{row,sy_i}-1}{2}\delta y_{g,sy_i}$$

$$form_i=0$$

2. x 方向串型分布简化基点

利用快速排序算法，按各矩形分布地埋管群分区几何中心横坐标 $x_{g,c,i}$ 从小到大的顺序，对各矩形分布地埋管群分区索引向量 $\boldsymbol{I}_{\text{sequ}}$（$\boldsymbol{I}_{\text{sequ}} = \{1 \quad 2 \quad i \quad n_g\}$，对应向量 $\boldsymbol{X}_{g,c}$ 和 $\boldsymbol{Y}_{g,c}$ 中的元素下标）进行排序。

重新排序后的各矩形分布地埋管群分区索引向量记为 $\boldsymbol{I}_{\text{sort},x} = \{sx_1 \quad sx_2 \quad sx_i \quad sx_{n_g}\}$，$i \in [1, n_g]$，$sx_i \in [1, n_g]$。

根据各矩形分布地埋管群分区宽度向量 $\boldsymbol{W}$、各矩形分布地埋管群分区几何中心纵坐标向量 $\boldsymbol{Y}$ 计算各矩形分布地埋管群分区横向间距向量，即 x 方向间距 $\boldsymbol{D}_x$，如式（2-58）所示：

$$\boldsymbol{D}_x = [d_{x,1} \quad d_{x,2} \quad d_{x,i} \quad d_{x,n_g-1}]$$

$$d_{x,i} = x_{g,c,sy_{i+1}} - x_{g,c,sy_i} - \frac{w_{x,sy_{i+1}}}{2} - \frac{w_{x,sy_i}}{2} \tag{2-58}$$

式中 $\boldsymbol{D}_x$——各矩形分布地埋管群分区横向间距（m）；

$d_{x,i}$——第 sx_i 个地埋管群分区与第 sx_{i+1} 个地埋管群分区横向间距（m）。

基于各矩形分布地埋管群分区钻孔行数向量 $\boldsymbol{N}_{\text{row}}$、钻孔列数向量 $\boldsymbol{N}_{\text{col}}$（$\boldsymbol{N}_{\text{row}} = \{n_{\text{row},1} \quad n_{\text{row},2} \quad n_{\text{row},i} \quad n_{\text{row},n_g}\}$，$\boldsymbol{N}_{\text{col}} = \{n_{\text{col},1} \quad n_{\text{col},2} \quad n_{\text{col},i} \quad n_{\text{col},n_g}\}$）、横纵向间距（$\Delta \boldsymbol{X}_g = \{\delta x_{g,1} \quad \delta x_{g,2} \quad \delta x_{g,i} \quad \delta x_{g,n_g}\}$，$\Delta \boldsymbol{Y}_g = \{\delta y_{g,1} \quad \delta y_{g,2} \quad \delta y_{g,i} \quad \delta y_{g,n_g}\}$）、目标简化尺寸 n_s，如图 2-8 所示，确定各矩形分布地埋管群分区简化基点坐标 $p_{g,b,i} = (x_{g,b,i}, y_{g,b,i})$，简化形式 $form_i$，同样对于 x 方向串型分布而言所有简化基点均位于左下角，计算公式如式（2-59）所示：

$$
\begin{aligned}
y_{g,b,i} &= y_{g,c,i} - \frac{n_{\text{row},i} - 1}{2} \delta y_{g,i} \\
l_{x,s,i} &= (\min(n_{\text{col},i}, n_s) - 1) \delta x_{g,i} \\
x_{g,b,sx_1} &= -\frac{n_{\text{col},sx_1} - 1}{2} \delta x_{g,sx_1} \\
x_{g,b,sx_i} &= x_{g,b,sx_{i-1}} + \frac{n_{\text{col},sx_{i-1}} - 1}{2} \delta x_{g,sx_{i-1}} + \frac{l_{x,s,sx_{i-1}} + l_{x,s,sx_i}}{2} + d_{x,i-1} - \frac{n_{\text{col},sx_i} - 1}{2} \delta x_{g,sx_i} \\
form_i &= 0
\end{aligned}
\tag{2-59}
$$

2.3.3 其他分布地埋管群分区简化基点

1. 乱序点集凸包周长

乱序点集凸包周长是指在一个二维平面上给定一组乱序的坐标点，通过这些点形成的凸包（指一个能包含所有给定点的最小凸多边形）的周长。其中，凸包的概念在几何计算中应用广泛，比如机器人路径规划、地理信息系统中的区域边界确定、计算机视觉中的物体识别等。计算凸包周长可以帮助了解地埋管群的分布情况。乱序点集凸包周长计算流程如下：

（1）首先判断输入的乱序点集 c_j 是否位于同一条直线上，如果是，则直接根据乱序

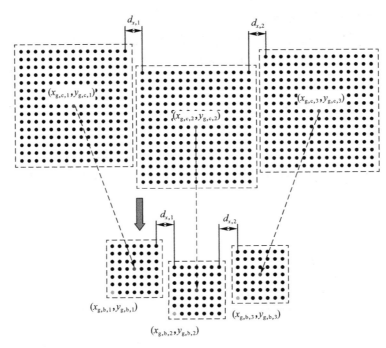

图 2-8　x 方向串型分布简化示意图

点集构成的线段长度的 2 倍作为乱序点集的凸包周长；否则返回 0，执行下一步。具体流程如下：

1) 将传入的乱序点集按照 x 坐标排序，如果 x 坐标相同则按照 y 坐标排序。

2) 使用勾股定理计算线段距离。

3) 根据线段起止点计算线段斜率。

4) 遍历除第一个点外的所有点，判断每个点是否在直线上。如果有任意一个点不在直线上，则返回 0。

5) 如果所有点都在同一条直线上，则返回线段长度的 2 倍。

(2) 初始化多边形凸包周长为 0。

(3) 乱序点集按照 x 坐标排序，并将乱序点集中在最左边的顶点作为起始点。

(4) 初始化基点，将起始点作为基点。

(5) 构建从基点到其他顶点的边集合，每条边开始节点为基点，终止节点为其他顶点。

(6) 基于边集合、基点、基线确定顺时针方向旋转的凸包边。

1) 若无基线，则根据边集合与基点确定顺时针方向旋转的边：

① 如果边集合只有一条边，则直接返回该边。

② 遍历边集合中的每条边，计算极坐标系下基点作为极点的极角，并将结果保存在极角集合中。

③ 初始化以下变量，包括上半平面和下半平面的标志、上半平面和下半平面的最大极角以及对应的索引。

④ 遍历极角集合，根据极角的角度范围将边分类到上半平面（$0 \leqslant \theta \leqslant \pi$）或下半平面

($\pi < \theta \leqslant 2\pi$),并更新上半平面最大极角 θ_{uhp} 和下半平面的最大极角 θ_{lhp};如果存在上半平面,则返回边集合极角等于上半平面最大极角 θ_{uhp} 且边长最小的边,否则返回边集合极角等于下半平面的最大极角 θ_{lhp} 且边长最小的边。

2) 基于边集合、基点、基线确定顺时针方向旋转的边:

① 计算极坐标系下,基点作为极点,基线的极坐标角度 $\Delta\theta_p$。

② 将边集合根据极角差 $\theta - \Delta\theta_p$ ($0 \leqslant \theta - \Delta\theta_p \leqslant 2\pi$) 的大小进行排序,若两条边的极角差相同,则根据边长进行排序,以获取顺时针方向旋转的最短边。

③ 返回顺时针方向旋转的最短边。

(7) 更新多边形凸包周长,将获取的顺时针方向旋转的最短边长度加入多边形凸包周长。

(8) 更新基点,取当前顺时针方向旋转的最短边的另一个端点作为基点。

(9) 循环步骤5~步骤8,直到基点等于起始点。

(10) 返回任意多边形凸包周长 ch_j。

2. 其他分布简化基点

利用递归组合算法,获取在每个矩形分布地埋管群分区的四个角坐标(左下角、右下角、右上角、左上角)中任取一个角坐标的所有组合方案 C,组合方案 $C = \{c_1 \quad c_2 \quad c_j \quad c_{4^{n_g}}\}$,各组合方案所表征的各矩形分区地埋管群简化基点集合,组合方案数为 4^{n_g},$j \in [1, 4^{n_g}]$。

其中组合方案 $c_j = \{p_{g,k_1,1} \quad p_{g,k_2,2} \quad p_{g,k_i,i} \quad p_{g,k_{n_g},n_g}\}$,$p_{g,k_i,i} = (x_{g,k_i,i}, y_{g,k_i,i})$,$i \in [1, n_g]$,$j \in [1, 4^{n_g}]$,$k_i \in [0, 3]$,$p_{g,k_i,i}$ 为第 i 个矩形分布地埋管群分区角坐标(若 $k_i = 0$,为左下角坐标;若 $k_i = 1$,为右下角坐标;若 $k_i = 2$,为右上角坐标;若 $k_i = 3$,为左上角坐标)。

基于乱序点集凸包周长计算方法,确定各组合方案(各矩形分区地埋管群简化基点坐标集合)的凸包周长 $ch = \{ch_1 \quad ch_2 \quad ch_j \quad ch_{4^{n_g}}\}$;通过排序获取凸包周长最小的组合方案 c_j,并基于组合方案 $c_j = \{p_{g,k_1,1} \quad p_{g,k_2,2} \quad p_{g,k_i,i} \quad p_{g,k_{n_g},n_g}\}$ 确定各矩形分布地埋管群分区简化基点坐标 $p_{g,b,i} = p_{g,k_i,j}$ 和各矩形分布地埋管群分区简化形式 $form_i = k_i$,如图2-9所示。

2.3.4 矩阵分布地埋管群分区简化优化方法

基于期望简化后行列数 n_{sim},确定矩形分布地埋管分区简化后的行数 $n_{row,sim,i}$ 和列数 $n_{col,sim,i}$,计算公式如式(2-60)所示:

$$n_{row,sim,i} = \min(n_{row,i}, n_{sim})$$
$$n_{col,sim,i} = \min(n_{col,i}, n_{sim})$$
(2-60)

如图2-10所示,若 $n_{sim} = 7$,20×20 的400根钻孔的方形分布地埋管群可简化为 7×7 的49根钻孔。如图2-11、图2-12所示,本书提出的矩形分布地埋管群分区简化方法,核

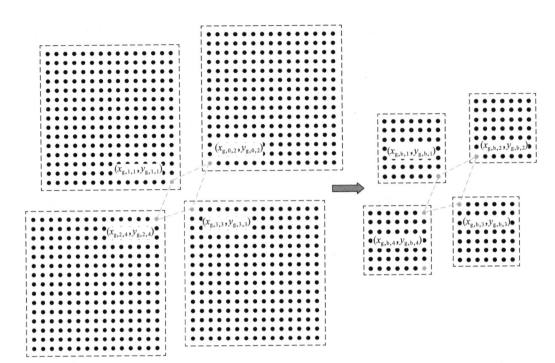

图 2-9 其他分布简化示意图

心是考虑单根钻孔受影响域范围，但忽略单根钻孔周围受影响域内各钻孔热流差异，使得简化后地埋管群分区中某个钻孔表征简化前地埋管群分区中某个钻孔或某类钻孔，如图 2-13、图 2-14 所示。

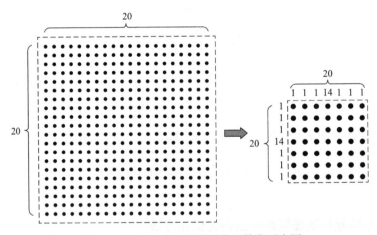

图 2-10 方形分布地埋管群分区简化示意图

根据地埋管群横纵向间距、简化基点坐标、简化形式，确定计算简化后各钻孔坐标 $\boldsymbol{P}_{\text{sim},i} = \{p_{\text{sim},i,j,k}\}$，$p_{\text{sim},i,j,k} = (x_{\text{sim},i,j,k}, y_{\text{sim},i,j,k})$，计算公式如式（2-61）所示：

若 $from_i = 0$，基点位于矩形分布地埋管分区左下角：

$$x_{\text{sim},i,j,k} = x_{\text{g},\text{b},i} + (k-1)\delta x_{\text{g},i}$$
$$y_{\text{sim},i,j,k} = y_{\text{g},\text{b},i} + (j-1)\delta y_{\text{g},i}$$

(2-61)

第 2 章 浅层土壤源地埋管群数学模型的建模与分析 **31**

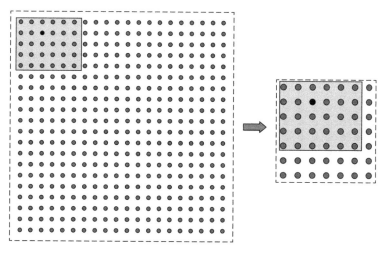

图 2-11 单根钻孔受影响域示意图 1

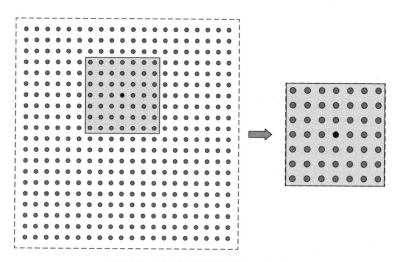

图 2-12 单根钻孔受影响域示意图 2

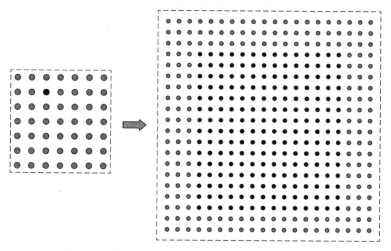

图 2-13 简化后钻孔所表征简化前钻孔示意图（一）

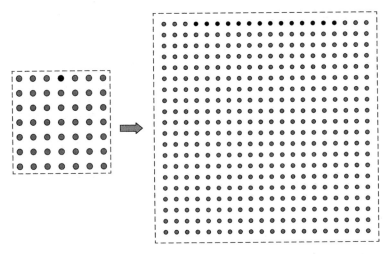

图 2-14 简化后钻孔所表征简化前钻孔示意图（二）

若 $from_i=1$，基点位于矩形分布地埋管分区右下角：

$$\begin{aligned} x_{\text{sim},i,j,k} &= x_{\text{g,b},i} - (n_{\text{col,sim},i}-1)\delta x_{\text{g},i} + (k-1)\delta x_{\text{g},i} \\ y_{\text{sim},i,j,k} &= y_{\text{g,b},i} + (j-1)\delta y_{\text{g},i} \end{aligned} \quad (2\text{-}62)$$

若 $from_i=2$，基点位于矩形分布地埋管分区右上角：

$$\begin{aligned} x_{\text{sim},i,j,k} &= x_{\text{g,b},i} - (n_{\text{col,sim},i}-1)\delta x_{\text{g},i} + (k-1)\delta x_{\text{g},i} \\ y_{\text{sim},i,j,k} &= y_{\text{g,b},i} - (n_{\text{row,sim},i}-1)\delta y_{\text{g},i} + (j-1)\delta y_{\text{g},i} \end{aligned} \quad (2\text{-}63)$$

若 $from_i=3$，基点位于矩形分布地埋管分区左上角：

$$\begin{aligned} x_{\text{sim},i,j,k} &= x_{\text{g,b},i} + (k-1)\delta x_{\text{g},i} \\ y_{\text{sim},i,j,k} &= y_{\text{g,b},i} - (n_{\text{row,sim},i}-1)\delta y_{\text{g},i} + (j-1)\delta y_{\text{g},i} \end{aligned} \quad (2\text{-}64)$$

式中 i——矩形分布地埋管群分区编号，$i \in [1, n_g]$；

　　　j——简化后矩阵分布地埋管群分区行编号，$j \in [1, n_{\text{col,sim},i}]$；

　　　k——简化后矩阵分布地埋管群分区列编号，$k \in [1, n_{\text{row,sim},i}]$。

根据矩形分布地埋管群分区简化后的行数 $n_{\text{row,sim},i}$ 和列数 $n_{\text{col,sim},i}$，生成各矩形分布地埋管群分区映射矩阵 $\boldsymbol{M}_i$，映射矩阵 $\boldsymbol{M}_i$ 行数为 $n_{\text{row,sim},i}$，映射矩阵 $\boldsymbol{M}_i$ 列数为 $n_{\text{col,sim},i}$。

(1) 首先根据简化后行数 $n_{\text{row,sim},i}$ 和列数 $n_{\text{col,sim},i}$，创建映射向量 $\boldsymbol{V}_{\text{row},i}$ 和映射向量 $\boldsymbol{V}_{\text{col},i}$；其中 $\boldsymbol{V}_{\text{row},i} = \{v_{\text{row},i,j}\}$，$j \in [1, n_{\text{row,sim},i}]$；$\boldsymbol{V}_{\text{col},i} = \{v_{\text{col},i,j}\}$，$j \in [1, n_{\text{col,sim},i}]$。

(2) 如果 $n_{\text{row,sim},i} < n_{\text{sim}}$，则将 $\boldsymbol{V}_{\text{row},i}$ 的所有元素赋值为 1.0；否则当 $n_{\text{row,sim},i} = n_{\text{sim}}$ 时：

$$\begin{aligned} v_{\text{row},i,j} &= 1.0 & j &< \frac{n_{\text{row,sim},i}}{2} \\ v_{\text{row},i,n_{\text{row,sim},i}-j+1} &= 1.0 & j &< \frac{n_{\text{row,sim},i}}{2} \\ v_{\text{row},i,j} &= n_{\text{row},i} - (n_{\text{sim}}-1) & j &= \frac{n_{\text{row,sim},i}+1}{2} \end{aligned} \quad (2\text{-}65)$$

(3) 如果 $n_{\text{col,sim},i} < n_{\text{sim}}$，则将 $\boldsymbol{V}_{\text{col},i}$ 的所有元素赋值为 1.0；否则当 $n_{\text{col,sim},i} = n_{\text{sim}}$ 时：

$$v_{\text{col},i,j} = 1.0 \qquad j < \frac{n_{\text{col,sim},i}}{2}$$

$$v_{\text{col},i,n_{\text{row,sim},i}-j+1} = 1.0 \qquad j < \frac{n_{\text{col,sim},i}}{2} \tag{2-66}$$

$$v_{\text{col},i,j} = n_{\text{col},i} - (n_{\text{sim}} - 1) \qquad j = \frac{n_{\text{col,sim},i}+1}{2}$$

（4）计算各矩形分布地埋管群分区映射矩阵 M_i：

$$\boldsymbol{M}_i = \boldsymbol{V}_{\text{row},i} \boldsymbol{V}_{\text{col},i}^{\mathrm{T}} \tag{2-67}$$

2.4 浅层土壤源地埋管群数学模型验证与分析

2.4.1 浅层土壤源地埋管群数学模型验证

收集北京某浅层土壤源地热能利用项目的地埋管群实测数据，建立浅层土壤源地埋管群数学模型，忽略浅层岩土介质的温度梯度，岩土介质初始温度为 16.0℃。假设地埋管群中各地埋管流量一致，利用实测浅层土壤源入口水温与循环流量作为边界条件，开展数学模型验证。该项目浅层土壤源地埋管群钻孔参数和地质参数分别见表 2-1 和表 2-2。

浅层土壤源地埋管群钻孔参数表 表 2-1

浅层土壤源地埋管群钻孔参数	数量
钻孔数量（孔）	30
横向钻孔数（个）	5
纵向钻孔数（个）	6
横向钻孔间距（m）	5
纵向钻孔间距（m）	5
钻孔深度（m）	150
钻孔直径（m）	0.152
地埋管形式	双 U 形
地埋 PE 管内半径（m）	0.013
地埋 PE 管外半径（m）	0.016
地埋管导热系数 [W/(m·K)]	0.42
回填材料导热系数 [W/(m·K)]	2.0

浅层土壤源地埋管群地质参数表 表 2-2

地质名称	岩土层深度（m）	岩土热扩散系数（m²/s）	岩土导热系数 [W/(m·K)]
岩土层 1	50	5.642×10^{-7}	1.562
岩土层 2	50	6.754×10^{-7}	1.795
岩土层 3	50	6.626×10^{-7}	1.717

图 2-15 显示了在供冷季与供暖季，浅层土壤源地埋管群的出水温度模拟结果与实测数据的对比。从图中可以看出，无论供冷季还是供暖季，模拟结果与实测数据曲线相似且接近，供冷季刚开始模型出口温度与实测出口温度偏差较大，与钻孔内传热数学模型并未

考虑钻孔内回填材料热容有关，供冷季模拟结果最大误差为0.51℃，供暖季模型结果最大误差为0.31℃，数学模型模拟结果与实测数据的均方根误差（RMSE）为0.24℃，满足模型精度要求，证明提出的浅层土壤源地埋管群数学模型对于出水温度响应具有可行性，基于该模型分析研究是合理可靠的，供冷季、供暖季运行过程中岩土温度场横剖面等温线图与热力图分别如图2-16、图2-17所示。

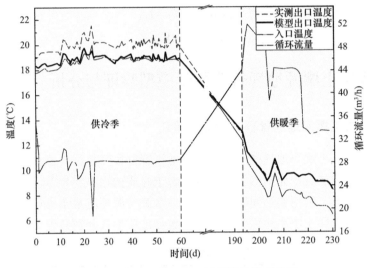

图2-15 浅层土壤源地埋管群数学模型验证

2.4.2 地埋管换热器传热时空衰减特性

对于单根钻孔地埋管换热器，由于岩土介质被视为半无限大介质，不同时刻发生的矩形脉冲热流在不同径向位置处的g函数不同，如图2-18所示，单位矩形脉冲热流作用下，单根钻孔地埋管换热器g函数无量纲温度响应具有随时间和空间位置的变化而逐渐降低的特性，1h前发生的单位小时单位矩形脉冲热流对其周围岩土温度场的空间影响域为0.3m

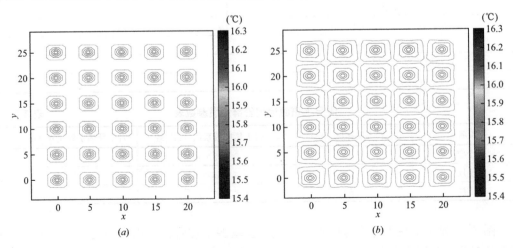

图2-16 岩土温度场横剖面温度分布等温线图（一）
(a) 22.5d；(b) 42.8d

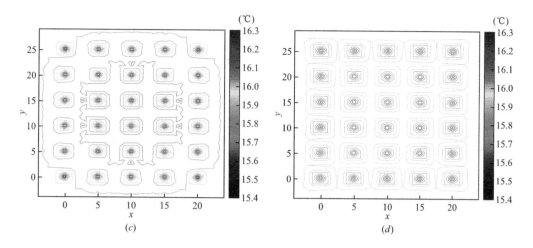

图 2-16 岩土温度场横剖面温度分布等温线图（二）

(c) 203.2d；(d) 227.1d

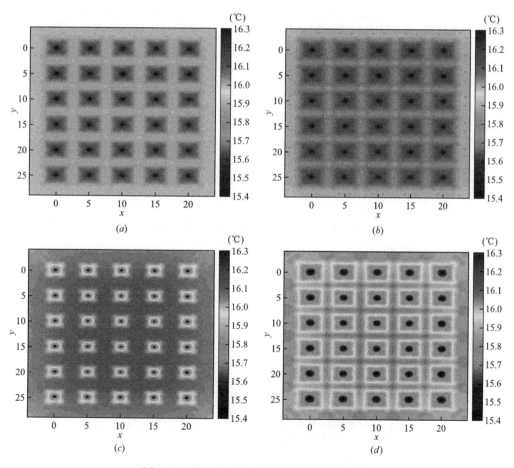

图 2-17 岩土温度场横剖面温度分布热力图

(a) 22.5d；(b) 42.8d；(c) 203.2d；(d) 227.1d

左右,1月前发生单位小时单位矩形脉冲热流对其周围岩土的无量纲温度响应较低,但其空间影响域较大,为3m左右,1年前或10年前发生的单位月时间的单位矩形脉冲热流对其周围岩土温度场的空间影响域为10~20m,地埋管换热器传热时的时空衰减特性为浅层土壤源地埋管群简化优化奠定了基础(图2-19)。

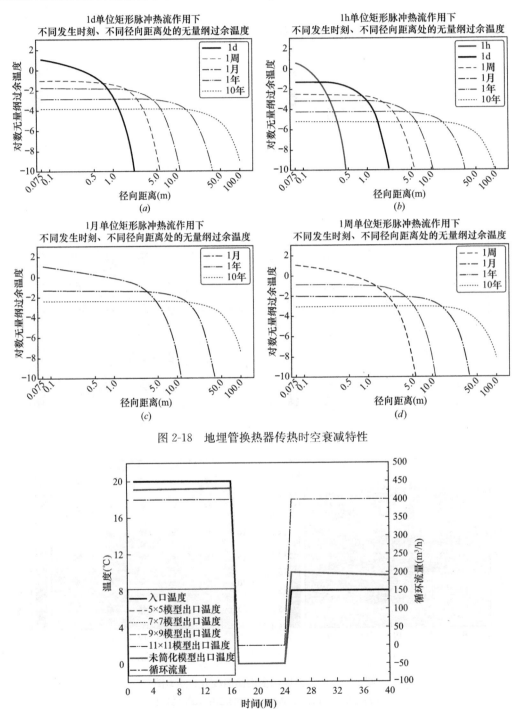

图2-18 地埋管换热器传热时空衰减特性

图2-19 浅层土壤源地埋管群简化优化响应对比分析图

基于浅层土壤源地埋管群简化优化方法，分别利用简化为5×5、7×7、9×9、11×11的方形地埋管钻孔群表征20×20的400根地埋管钻孔群。在相同边界条件下（浅层土壤源循环流量400m³/h，供冷季浅层土壤源入口温度20℃，供暖季浅层土壤源入口温度8℃），浅层土壤源地埋管群的出水温度响应，如图2-20所示。在以周为时间间隔，年为尺度的浅层土壤源出水温度响应中，以5×5的简化地埋管钻孔群模型表征原模型，出水温度响应最大误差为0.0014℃，不到0.01℃，在保证模型计算精度基本不变的前提下，极大地降低了模型计算复杂度，使得以较低计算时间对大型地埋管群响应进行实时模拟成为可能。

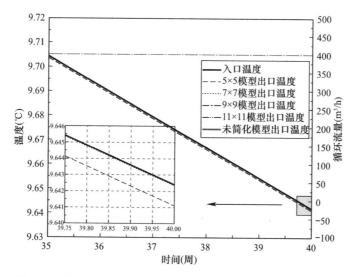

图2-20 浅层土壤源地埋管群简化优化响应对比分析局部放大图

2.5 本章小结

本章首先基于格林函数和叠加原理，建立了浅层土壤源地埋管群传热数学模型及其求解方法。其次，基于浅层土壤源地埋管群管网阻抗数学模型和循环泵组数学模型建立浅层土壤源地埋管群稳态水力数学模型。最后基于地埋管换热器传热的时空衰减特性建立了浅层土壤源大型地埋管群简化优化方法。

（1）基于钻孔内热阻建立一维稳态地埋管换热器钻孔内传热数学模型，根据g函数及浅层土壤源钻孔外传热的可叠加特性，建立地埋管换热器钻孔外传热数学模型。联立钻孔内外传热模型，根据矩阵理论，建立地埋管钻孔群三维非稳态传热离散传递矩阵模型。

（2）根据浅层土壤源地埋管群管网阻抗数学模型和浅层土壤源循环泵组数学模型建立浅层土壤源地埋管群稳态水力数学模型，可确定不同运行工况下，浅层土壤源的循环流量。

（3）通过辨识地埋管群分区排布方式，根据地埋管换热器传热空间衰减特性，确定特定分布下地埋管群分布简化基点和简化方式，进而对各矩形分布地埋管群分区进行几何简化。

(4) 基于北京市某地源热泵系统项目，建立浅层土壤源地埋管群数学模型，利用浅层土壤源侧的实际监测数据验证了模型计算结果的准确性和可靠性，出水温度的均方根误差 (RMSE) 为 0.236℃。

(5) 单根钻孔地埋管换热器传热具有时空衰减特性，1 年前或 10 年前发生的单位月时间的矩形脉冲热流对其周围岩土温度场的空间影响域为 10~20m，基于此时空衰减特性，验证了利用简化为 5×5 的地埋管钻孔群表征 20×20 的 400 根地埋管钻孔群，其浅层土壤源出水温度响应最大误差为 0.0014℃，验证了浅层土壤源大型地埋管群简化优化方法的可靠性。

本章利用解析解传热分析方法提出的浅层土壤源地埋管群传热数学模型，为根据浅层土壤源地埋管群换热器传热特性的地源热泵系统运行调度、控制策略优化提供了支持。

第 3 章　复合式地源热泵系统长周期源侧运行调度优化方法

地源热泵系统通过融合其他可再生能源及辅助系统，充分利用多样化的可再生能源，实现协同供热制冷。复合式地源热泵系统的源侧运行调度优化对于系统的高效运行和能源利用至关重要，未经优化的运行调度可能会导致环境影响的增加。例如，系统未能充分利用可再生能源，导致需要依赖化石燃料或其他高耗能资源，增加了温室气体排放和环境污染。本章提出的复合式地源热泵系统的长周期源侧运行调度优化方法可以根据不同时段和需求灵活调整系统的运行方式，通过合理分配能源供应和需求，可以最大限度地利用可再生能源、平衡地源侧取放热量，为提高能源利用效率提供支持。

3.1　地埋管地源热泵系统数学模型

由于复合式系统涉及多种热源和复杂的热交换过程，其运行调度相比单一热源的地源热泵更为复杂。通过对地埋管地源热泵系统进行数学建模，可以准确描述地源热泵系统的物理过程和热传递机制，即浅层土壤源特性对地源热泵系统的影响，从而揭示地源热泵系统在不同工况下的运行规律，预测地源热泵系统在不同环境条件和运行策略下的性能表现，为复合式热泵系统长周期源侧运行调度优化提供支持与依据。

3.1.1　地源热泵机组数学模型

地源热泵机组数学模型可以预测机组在不同环境条件和运行策略下的性能表现。通过模拟分析，可以评估机组的能效、稳定性、经济性等指标，从而为优化机组的运行参数和控制策略以及优化复合式系统源侧运行调度提供依据。

热泵机组稳态或动态数学模型分为三类：黑箱模型、灰箱模型、机理模型。黑箱模型的缺点是仅在拟合模型参数的数据范围内拥有较好的预测性能，机理模型的缺点是需要明确热泵机组关键设备的几何形状、材料等信息，若缺乏这些关键设备信息，将会使得构建热泵机组机理模型十分困难。常见冷水机组模型[67-69]包含 DOE-2 模型、改进的 DOE-2 模型、Gordon-Ng 模型、Braun 模型等。

1. DOE-2 模型

$CAPFT$ 函数，描述满负荷工况下可用供冷量随蒸发器侧出水温度与冷凝器侧进水温度的变化。

$$CAPFT = \frac{CapQ_{act}}{CapQ_{ref}} \tag{3-1}$$

$$\begin{aligned}CAPFT = {} & a_1 + a_2 \times T_{Eva,out} + a_3 \times T_{Eva,out}^2 + a_4 \times T_{Con,in} \\ & + a_5 \times T_{Con,in}^2 + a_6 \times T_{Eva,out} \times T_{Con,in}\end{aligned} \tag{3-2}$$

式中　$CapQ_{act}$——实际工况下的制冷量,即在特定运行条件下设备实际提供制冷量;
　　　$CapQ_{ref}$——参考工况下的制冷量,即设备在标准参考工况下的额定制冷量;
　　　$T_{Eva,out}$——蒸发器侧出水温度,通常指冷冻水出水温度;
　　　$T_{Con,in}$——冷凝器侧进水温度,通常指冷却水进水温度;
$a_1, a_2, \cdots, a_6$——拟合系数,通常由实验或设备厂商提供的数据获得。

EIRFT 函数,描述满负荷工况下设备效率随蒸发器侧出水温度和冷凝器侧进水温度变化,此处设备效率值为 $\frac{1}{CapCOP}$,$CapCOP$ 指当前运行工况下满载制冷量除以满载电功率。

$$EIRFT = \frac{\frac{1}{CapCOP}}{\frac{1}{CapCOP_{ref}}} = \frac{\frac{CapP}{CapQ}}{\frac{CapP_{ref}}{CapQ_{ref}}} \tag{3-3}$$

$$= \frac{CapP}{CapP_{ref} \times \frac{CapQ}{CapQ_{ref}}} = \frac{CapP}{CapP_{ref} \times CAPFT}$$

$$CAPFT = b_1 + b_2 \times T_{Eva,out} + b_3 \times T_{Eva,out}^2 + b_4 \times T_{Con,in} \tag{3-4}$$
$$+ b_5 \times T_{Con,in}^2 + b_6 \times T_{Eva,out} \times T_{Con,in}$$

式中　$CapCOP$——实际工况下的满载制冷性能系数;
　　　$CapCOP_{ref}$——参考工况下的满载制冷性能系数;
　　　$CapP$——实际工况下的满载电功率;
　　　$CapP_{ref}$——参考工况下的满载电功率;
　　　$CapQ$——实际工况下的满载制冷量;
　　　$CapQ_{ref}$——参考工况下的满载制冷量;
　　　$T_{Eva,out}$——蒸发器侧出水温度,通常指冷冻水出水温度;
　　　$T_{Con,in}$——冷凝器侧进水温度,通常指冷却水进水温度;
$b_1, b_2, \cdots, b_6$——拟合多项式的系数,通常由实验或设备厂商提供的数据获得。

EIRFPLR 函数,描述部分负载情况下,设备效率随部分负荷率变化,即部分负荷率 PLR 对制冷功率的影响。

$$EIRFPLR = \frac{P}{CapP} = \frac{P}{CapP_{ref} \times CAPFT \times EIRFT} \tag{3-5}$$

$$EIRPLR = c_1 + c_2 \times PLR + c_3 \times PLR^2 \tag{3-6}$$

式中　P——部分负载情况下的制冷功率;
　　　$CapP$——实际工况下的满载制冷功率;
　　　$CapP_{ref}$——参考工况下的满载制冷功率;
c_1, c_2, c_3——拟合多项式的系数。

基于 CAPFT 函数、EIRFT 函数、EIRFPLR 函数,冷水机组的实际电功率计算公式如式(3-7)所示:

$$P = P_{ref} \times CAPFT \times EIRFT \times EIRFPLR \tag{3-7}$$

式中　P_{ref}——参考的制冷用电功率。

2. 改进的 DOE-2 模型

在冷凝器变流量运行工况下，冷凝器侧出水温度 $T_{Con,out}$ 更能代表冷凝器冷凝温度 $T_{Con,sat}$。改进的 DOE-2 模型利用蒸发器侧出水温度 $T_{Eva,out}$、冷凝器侧出水温度 $T_{Con,out}$ 表征可用供冷量 CAPFT 函数、满负载工况下设备效率 EIRFT 函数。

CAPFT 函数，描述满负荷工况下可用供冷量随蒸发器侧出水温度与冷凝器侧出水温度的变化。

$$CAPFT = \frac{CapQ_{act}}{CapQ_{ref}} \tag{3-8}$$

$$CAPFT = a_1 + a_2 \times T_{Eva,out} + a_3 \times T_{Eva,out}^2 + a_4 \times T_{Con,out} \\ + a_5 \times T_{Con,out}^2 + a_6 \times T_{Eva,out} \times T_{Con,out} \tag{3-9}$$

EIRFT 函数，描述负载工况下设备效率随蒸发器侧出水温度和冷凝器侧出水温度变化，此处设备效率值为 $\frac{1}{CapCOP}$，$CapCOP$ 指当前运行工况下满载制冷量除以满载电功率。

$$EIRFT = \frac{\frac{1}{CapCOP}}{\frac{1}{CapCOP_{ref}}} = \frac{\frac{CapP}{CapQ}}{\frac{CapP_{ref}}{CapQ_{ref}}} \\ = \frac{CapP}{CapP_{ref} \times \frac{CapQ}{CapQ_{ref}}} = \frac{CapP}{CapP_{ref} \times CAPFT} \tag{3-10}$$

$$CAPFT = b_1 + b_2 \times T_{Eva,out} + b_3 \times T_{Eva,out}^2 + b_4 \times T_{Con,out} \\ + b_5 \times T_{Con,out}^2 + b_6 \times T_{Eva,out} \times T_{Con,out} \tag{3-11}$$

EIRFPLR 函数，描述部分负载情况下，设备效率随部分负荷率和冷凝器出口温度的变化，即部分负荷率 PLR 和冷凝器出口温度对制冷功率的影响。

$$EIRFPLR = \frac{P}{CapP} = \frac{P}{CapP_{ref} \times CAPFT \times EIRFT} \tag{3-12}$$

$$EIRPLR = c_1 + c_2 \times PLR + c_3 \times PLR^2 + c_4 \times T_{Con,out} \\ + c_5 \times T_{Con,out}^2 + c_6 \times T_{Con,out} \times PLR \tag{3-13}$$

基于 CAPFT 函数、EIRFT 函数、EIRFPLR 函数，改进的 DOE-2 模型冷水机组的实际电功率计算公式如式（3-14）所示：

$$P = P_{ref} \times CAPFT \times EIRFT \times EIRFPLR \tag{3-14}$$

3. Gordon-Ng 模型

根据 Gordon-Ng 模型，分析传统的离心式压缩制冷剂蒸汽压缩循环，蒸汽压缩循环基本原理图如图 3-1 所示，机理分析的假设条件如下：

（1）稳态工况；
（2）均匀流动；
（3）膨胀阀和循环管道的传热损失忽略不计；
（4）蒸发器和冷凝器内循环水流速不变；

(5) 循环水和制冷剂的比热容均为定值;

(6) 蒸发温度 $T_{ev,sat}$ 和冷凝温度 $T_{c,sat}$ 均为定值;

(7) 不考虑蒸发器或冷凝器换热器中的压力损失,并认为蒸发器或冷凝器中的换热过程无相变发生;

(8) 忽略制冷剂过热或过冷。

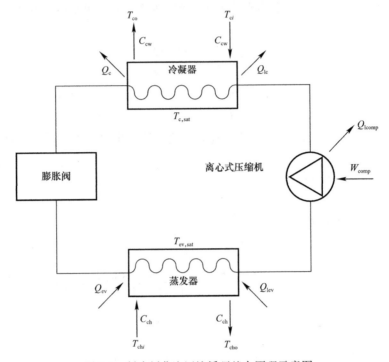

图 3-1 制冷剂蒸汽压缩循环基本原理示意图

忽略膨胀阀和管道的散热损失,总的热损失计算公式如式(3-15)所示:

$$Q_{LT}=Q_{lev}-Q_{lc}-Q_{lcomp} \tag{3-15}$$

式中 Q_{LT}——总的散热损失(kW);

Q_{lev}——蒸发器散热损失(kW);

Q_{lc}——冷凝器散热损失(kW);

Q_{lcomp}——离心式压缩机散热损失(kW)。

根据热力学第一定律,即能量守恒和转换定律,对于制冷剂蒸汽压缩循环而言:

$$Q_{ev}-Q_c+W_{comp}+Q_{LT}=0 \tag{3-16}$$

式中 Q_{ev}——制冷机组制冷量,即蒸发器吸热量,具体指的是为保持建筑物室内温度在一个舒适的范围内,空调系统所移除的室内热量(kW);

Q_c——冷凝器放热量,通过冷凝器排出到外部环境的热量(kW);

W_{comp}——压缩机压缩功率(kW)。

制冷机组制冷量(蒸发器吸热量)、冷凝器放热量计算公式分别如式(3-17)、式(3-18)所示:

$$Q_{ev}=C_{ch}(T_{chi}-T_{cho}) \tag{3-17}$$

$$Q_c = C_{cw}(T_{ci} - T_{co}) \tag{3-18}$$

式中 C_{ch}——冷冻水的热容量（kW/K）；

T_{chi}——蒸发器进口冷冻水温度，也称冷冻水回水温度（K）；

T_{cho}——蒸发器出口冷冻水温度，也称冷冻水出水温度（K）；

C_{cw}——冷却水的热容量（kW/K）；

T_{ci}——冷凝器进口冷却水温度，也称为冷却水回水温度（K）；

T_{co}——冷凝器出口冷却水温度，也称为冷却水出水温度（K）。

制冷机组通过制冷剂的循环流动，在蒸发器中吸收建筑物内低温物体的热量，然后在冷凝器中将这些热量排放到高温环境中。在制冷循环的蒸发阶段，制冷剂经历由液态至气态的相变过程，此过程中吸收外部环境热量，进而导致系统整体的熵值上升。熵作为衡量系统内部无序状态或混乱程度的物理量，其值增加直接反映了制冷剂相变带来的系统内部无序程度的提升。相反，在冷凝阶段，制冷剂由气态冷凝变为液态，并在此过程中向外部环境释放热量，这一转变降低了系统整体的熵值。这是因为热量释放到外部环境促进了系统内部的有序性，从而实现了熵的减少。制冷机组熵净变化表达式如式（3-19）所示：

$$\frac{(Q_{ev} + Q_{lev})}{T_{ev,sat}} - \frac{(Q_c + Q_{lc})}{T_{c,sat}} = S_{gen} \tag{3-19}$$

式中 $T_{ev,sat}$——蒸发温度（K）；

$T_{c,sat}$——冷凝温度（K）；

S_{gen}——制冷机组熵净变化（kW/K）。

根据假设蒸发温度 $T_{ev,sat}$ 和冷凝温度 $T_{c,sat}$ 均为定值，因此利用可测量变量表征蒸发温度 $T_{ev,sat}$ 和冷凝温度 $T_{c,sat}$ 是必要的，基于ε-NTU方法确定蒸发温度和冷凝温度。

对于蒸发器而言：

$$Q_{ev,max} = C_{min}(T_{ev} - T_{chi}) = \min(C_{ch}, C_{ref})(T_{ev} - T_{chi}) \tag{3-20}$$

$$\varepsilon_{ev} = \frac{Q_{ev}}{Q_{ev,max}} \tag{3-21}$$

$$r_{ev} = \frac{1 - \varepsilon_{ev}}{\varepsilon_{ev} C_{ch}} \tag{3-22}$$

$$T_{ev} = T_{cho} - \frac{Q_{ev}}{r_{ev}} \tag{3-23}$$

对于冷凝器而言：

$$Q_{c,max} = C_{min}(T_c - T_{ci}) = \min(C_{cw}, C_{ref})(T_c - T_{ci}) \tag{3-24}$$

$$\varepsilon_c = \frac{Q_c}{Q_{c,max}} \tag{3-25}$$

$$r_c = \varepsilon_c C_{cw} \tag{3-26}$$

$$T_c = T_{ci} + \frac{Q_c}{r_c} \tag{3-27}$$

将式（3-16）、式（3-23）、式（3-27）代入式（3-19），可得：

$$-Q_{ev}T_{ci} - \frac{Q_{ev}^2}{r_c} - \frac{Q_{ev}Q_{LT}}{r_c} - \frac{Q_{ev}W_{comp}}{r_c} - Q_{lev}T_{ci} - \frac{Q_{lev}Q_{ev}}{r_c} - \frac{Q_{lev}Q_{LT}}{r_c} - \frac{Q_{lev}W_{comp}}{r_c}$$

$$-\frac{Q_{ev}^2}{r_{ev}} - \frac{Q_{ev}Q_{LT}}{r_{ev}} - \frac{Q_{ev}W_{comp}}{r_{ev}} - \frac{Q_{ev}Q_{lc}}{r_{ev}} + Q_{ev}T_{cho} + Q_{LT}T_{cho} + W_{comp}T_{cho} + Q_{lc}T_{cho}$$

$$+S_{gen}T_{ci}T_{cho} - \frac{S_{gen}Q_{ev}T_{ci}}{r_{ev}} + \frac{S_{gen}Q_{ev}T_{cho}}{r_c} + \frac{S_{gen}Q_{LT}T_{cho}}{r_c} + \frac{S_{gen}W_{comp}T_{cho}}{r_c}$$

$$-\frac{S_{gen}Q_{ev}^2}{r_c r_{ev}} - \frac{S_{gen}Q_{ev}Q_{LT}}{r_c r_{ev}} - \frac{S_{gen}Q_{ev}W_{comp}}{r_c r_{ev}} = 0$$

(3-28)

整理后可得：

$$-\left(\frac{Q_{ev}^2}{r_c} + \frac{Q_{ev}^2}{r_{ev}} + \frac{S_{gen}Q_{ev}^2}{r_c r_{ev}}\right) - \left(\frac{Q_{lev}Q_{ev}}{r_c} - Q_{ev}T_{cho} - \frac{S_{gen}Q_{ev}T_{cho}}{r_c}\right)$$

$$-\left(\frac{Q_{ev}Q_{LT}}{r_c} + \frac{Q_{ev}Q_{LT}}{r_{ev}} + \frac{Q_{ev}Q_{lc}}{r_{ev}} + Q_{ev}T_{ci} + \frac{S_{gen}Q_{ev}T_{ci}}{r_{ev}} + \frac{S_{gen}Q_{ev}Q_{LT}}{r_c r_{ev}}\right)$$

$$+\left(Q_{LT}T_{cho} + Q_{lc}T_{cho} + \frac{S_{gen}Q_{LT}T_{cho}}{r_c} + S_{gen}T_{ci}T_{cho} - \frac{Q_{lev}Q_{LT}}{r_c} - Q_{lev}T_{ci}\right)$$

$$=\left(\frac{Q_{ev}W_{comp}}{r_c} + \frac{Q_{ev}W_{comp}}{r_{ev}} + \frac{S_{gen}Q_{ev}W_{comp}}{r_c r_{ev}}\right) + \left(\frac{Q_{lev}W_{comp}}{r_c} - W_{comp}T_{cho} - \frac{S_{gen}W_{comp}T_{cho}}{r_c}\right)$$

(3-29)

引入 A、B、C、D 系数，进一步整理后可得：

$$W_{comp} = \frac{-DQ_{ev}^2 - CQ_{ev} - BQ_{ev} + A}{DQ_{ev} + C} \tag{3-30}$$

$$A = T_{cho}r_{ev}r_c(Q_{lev} - Q_{lcomp}) + T_{cho}r_{ev}S_{gen}(Q_{lev} - Q_{lc} - Q_{lcomp}) + T_{cho}T_{ci}r_{ev}r_c S_{gen}$$
$$- Q_{lev}r_{ev}(Q_{lev} - Q_{lc} - Q_{lcomp}) - Q_{lev}T_{ci}r_{ev}r_c \tag{3-31}$$

$$B = r_{ev}(Q_{lev} - Q_{lc} - Q_{lcomp}) + T_{ci}r_{ev}r_c + r_c(Q_{lev} - Q_{lcomp}) + T_{ci}r_c S_{gen}$$
$$+ S_{gen}(Q_{lev} - Q_{lc} - Q_{lcomp}) \tag{3-32}$$

$$C = Q_{lev}r_{ev} - T_{cho}r_{ev}r_c - T_{cho}r_{ev}S_{gen} \tag{3-33}$$

$$D = r_{ev} + r_c + S_{gen} \tag{3-34}$$

忽略 A、B、C、D 系数中的极小量，整理后可得：

$$A \approx T_{cho}r_{ev}r_c(Q_{lev} - Q_{lcomp}) + T_{cho}T_{ci}r_{ev}r_c S_{gen} - Q_{lev}T_{ci}r_{ev}r_c \tag{3-35}$$

$$B \approx T_{ci}r_{ev}r_c \tag{3-36}$$

$$C \approx -T_{cho}r_{ev}r_c \tag{3-37}$$

$$D \approx r_{ev} + r_c \tag{3-38}$$

公式（3-28）简化后，引入换热器热阻 R、等效散热损失 $Q_{leak,eq}$，整理推导可得制冷机组电功率表达式：

$$W_{comp} - \left(\frac{T_{ci} - T_{cho}}{T_{cho}}\right)Q_{ev} = -S_{gen}T_{ci} + Q_{leak,eq}\left(\frac{T_{ci} - T_{cho}}{T_{cho}}\right) + R\left(\frac{Q_{ev}^2 + Q_{ev}W_{comp}}{T_{cho}}\right)$$

$$R = \left(\frac{1}{r_{ev}} + \frac{1}{r_c}\right)$$

$$Q_{\text{leak,eq}} = Q_{\text{lev}} + Q_{\text{lcomp}} \frac{T_{\text{cho}}}{T_{ci} - T_{\text{cho}}} \tag{3-39}$$

为便于实际检测数据拟合关系式，整理为如式（3-40）所示：

$$\begin{aligned}
& y = a_1 x_1 + a_2 x_2 + a_3 x_3 \\
& y = W_{\text{comp}} - \left(\frac{T_{ci} - T_{\text{cho}}}{T_{\text{cho}}}\right) Q_{\text{ev}} \\
& a_1 = -S_{\text{gen}}, x_1 = T_{ci} \\
& a_2 = Q_{\text{leak,eq}}, x_2 = \frac{T_{ci} - T_{\text{cho}}}{T_{\text{cho}}} \\
& a_3 = R, x_3 = \frac{Q_{\text{ev}}^2 + Q_{\text{ev}} W_{\text{comp}}}{T_{\text{cho}}}
\end{aligned} \tag{3-40}$$

4. Biquadratic Braun 模型

Biquadratic Braun 模型是由 Braun 提出的一个经验模型或黑箱模型，可用于预测制冷机组标准化电功率。该模型基于两个输入和五个系数以及截距项来构建，模型的具体形式如式（3-41）所示：

$$\begin{aligned}
& \frac{P}{P_{\text{des}}} = c_0 + c_1 x_1 + c_2 x_1^2 + c_3 x_2 + c_4 x_2^2 + c_5 x_1 x_2 \\
& x_1 = \frac{Q}{Q_{\text{des}}}, x_2 = \frac{T_{\text{co}} - T_{\text{chi}}}{(T_{\text{co}} - T_{\text{chi}})_{\text{design}}}
\end{aligned} \tag{3-41}$$

Biquadratic Braun 模型通常需要通过实验数据或历史数据来训练，以找到最佳拟合的系数。

5. 地源热泵机组数学模型

在模型表达式中，通常会使用二次项和交叉项来描述输入变量之间的复杂关系。在供冷季，地源热泵机组功率 $P_{\text{gshp,cooling},i}$ 描述为用户侧出水温度 $T_{1,\text{gshp},i}$、地源侧进水温度 $T_{2,\text{gshp},i}$、机组负荷率 $PLR_{\text{gshp},i}$ 的函数：

$$\begin{aligned}
P_{\text{gshp,cooling},i} & = P_{\text{gshp,cooling},i}(T_{1,\text{gshp},i}, T_{2,\text{gshp},i}, PLR_{\text{gshp},i}) \\
& = P_{\text{gshp,rated,cooling},i}(a_{0,i} + a_{1,i} T_{1,\text{gshp},i} + a_{2,i} T_{1,\text{gshp},i}^2 + a_{3,i} T_{2,\text{gshp},i} \\
& \quad + a_{4,i} T_{2,\text{gshp},i}^2 + a_{5,i} T_{1,\text{gshp},i} T_{2,\text{gshp},i} + a_{6,i} PLR_{\text{gshp},i} + a_{7,i} PLR_{\text{gshp},i}^2 \\
& \quad + a_{8,i} PLR_{\text{gshp},i} T_{1,\text{gshp},i} + a_{9,i} PLR_{\text{gshp},i} T_{2,\text{gshp},i})
\end{aligned} \tag{3-42}$$

式中　$P_{\text{gshp,cooling},i}$——第 i 台地源热泵机组制冷功率（kW）；

$P_{\text{gshp,rated,cooling},i}$——第 i 台地源热泵机组额定制冷功率（kW）；

$T_{1,\text{gshp},i}$——第 i 台地源热泵机组用户侧出水温度，即冷水供水温度（℃）；

$T_{2,\text{gshp},i}$——第 i 台地源热泵机组地源侧进水温度，即冷却水出水温度（℃）；

$PLR_{\text{gshp},i}$——第 i 台地源热泵机组负荷率；

$a_{0,i}$, $a_{1,i}$, …, $a_{9,i}$——第 i 台地源热泵机组制冷功率模型系数。

在供暖季，地源热泵机组功率 $P_{\text{gshp,heating},i}$ 描述为用户侧进水温度 $T_{3,\text{gshp},i}$、地源侧进水温度 $T_{4,\text{gshp},i}$、机组负荷率 $PLR_{\text{gshp},i}$ 的函数：

$$\begin{aligned}P_{\text{gshp,heating},i} &= P_{\text{gshp,heating},i}(T_{3,\text{gshp},i}, T_{4,\text{gshp},i}, PLR_{\text{gshp},i}) \\ &= P_{\text{gshp,rated,heating},i}(b_{0,i} + b_{1,i}T_{3,\text{gshp},i} + b_{2,i}T_{3,\text{gshp},i}^2 + b_{3,i}T_{4,\text{gshp},i} \\ &\quad + b_{4,i}T_{4,\text{gshp},i}^2 + b_{5,i}T_{3,\text{gshp},i}T_{4,\text{gshp},i} + b_{6,i}PLR_{\text{gshp},i} + b_{7,i}PLR_{\text{gshp},i}^2 \\ &\quad + b_{8,i}PLR_iT_{3,\text{gshp},i} + b_{9,i}PLR_{\text{gshp},i}T_{4,\text{gshp},i})\end{aligned} \quad (3\text{-}43)$$

式中 $P_{\text{gshp,heating},i}$——第 i 台地源热泵机组制热功率（kW）；

$P_{\text{gshp,rated,heating},i}$——第 i 台地源热泵机组额定制热功率（kW）；

$T_{3,\text{gshp},i}$——第 i 台地源热泵机组用户侧出水温度，即热水出水温度（℃）；

$T_{4,\text{gshp},i}$——第 i 台地源热泵机组地源侧进水温度，即蒸发器出水温度（℃）；

$PLR_{\text{gshp},i}$——第 i 台地源热泵机组负荷率；

$b_{0,i}$，$b_{1,i}$，…，$b_{9,i}$——第 i 台地源热泵机组制热功率模型系数。

地源热泵机组为并联形式，且复合式地源热泵长周期运行调度优化中运行的各台地源热泵机组负荷率一致。供冷季各台地源热泵机组用户侧出水温度（冷水供水温度）$T_{1,\text{gshp}}$、地源侧进水温度（冷却水出水温度）$T_{2,\text{gshp}}$均相同，供暖季各台地源热泵机组用户侧出水温度（热水出水温度）$T_{3,\text{gshp}}$、地源侧进水温度（蒸发器出水温度）$T_{4,\text{gshp}}$均相同。

3.1.2 地埋管地源热泵系统数学模型

1. 地源热泵系统运行负荷

本书中，浅层土壤源循环泵组为定频运行，运行频率 f_g 为定值，且浅层土壤源循环泵组的循环水泵数目、地埋管群分区数目、地源热泵机组数目均一致，实际运行中地埋管群分区运行变量 $\boldsymbol{R}_g^k$ 与浅层土壤源循环泵组的循环水泵运行变量 $\boldsymbol{R}_p^k$ 相等，长周期源侧运行调度优化并未对地源热泵机组启停优化，取地源热泵机组运行数目 $\hat{n}_{\text{gshp}}^k = \|\boldsymbol{R}_g^k\|_0$。基于特定运行模式 R_m^k、特定地埋管分区运行变量 $\boldsymbol{R}_g^k$，根据浅层土壤源地埋管群水力数学模型计算浅层土壤源循环泵组的运行状态（运行流量 G_g^k、运行扬程 h_g^k、运行功率 $P_{\text{pump},g}^k$），可简化为如下形式：

$$\begin{cases} G_g^k = G_g(R_m^k, \boldsymbol{R}_g^k) \\ h_g^k = h_g(R_m^k, \boldsymbol{R}_g^k) \\ P_{\text{pump},g}^k = P_{\text{pump},g}(R_m^k, \boldsymbol{R}_g^k) \end{cases} \quad (3\text{-}44)$$

式中 G_g^k——第 k 天浅层土壤源循环泵组的运行流量（m³/h）；

h_g^k——第 k 天浅层土壤源循环泵组的运行扬程（m）；

$P_{\text{pump},g}^k$——第 k 天浅层土壤源循环泵组的运行功率（kW）；

R_m^k——第 k 天地源热泵系统运行模式，当地源热泵系统供冷时，$R_m^k = -1$，当地源热泵系统供暖时，$R_m^k = 1$；

$\boldsymbol{R}_g^k$——地埋管群分区运行变量。

对于长周期源侧运行调度优化，根据地埋管分区运行变量 $\boldsymbol{R}_g^k$、调峰系统运行变量 r_{peak}^k、预测的日平均负荷 Q_{fore}^k，确定地源热泵系统日平均运行负荷 Q_{gshp}^k，计算公式如式（3-45）所示：

第3章 复合式地源热泵系统长周期源侧运行调度优化方法

$$Q_{\text{gshp}}^k = \frac{\hat{n}_{\text{gshp}}^k}{\hat{n}_{\text{gshp}}^k + r_{\text{peak}}^k} Q_{\text{fore}}^k = \frac{\|\boldsymbol{R}_g^k\|_0}{\|\boldsymbol{R}_g^k\|_0 + r_{\text{peak}}^k} Q_{\text{fore}}^k \tag{3-45}$$

式中 Q_{gshp}^k——第 k 天地源热泵系统日平均运行负荷（kW），$k \in [1, n_d]$；

$\quad Q_{\text{fore}}^k$——第 k 天预测的日平均运行负荷（kW），$k \in [1, n_d]$；

$\quad \boldsymbol{R}_g^k$——第 k 天地埋管分区运行变量，$k \in [1, n_d]$；

$\quad r_{\text{peak}}^k$——第 k 天调峰系统运行变量，$k \in [1, n_d]$；

$\quad \hat{n}_{\text{gshp}}^k$——第 k 天地源热泵机组运行数目，$k \in [1, n_d]$。

若 $Q_{\text{gshp}}^k = 0$，则地源热泵机组负荷率 $PLR_{\text{gshp}}^k = 0$；否则，供冷季，地源热泵机组的负荷率 PLR_{gshp}^k 由地源热泵系统运行负荷 Q_{gshp}^k、地源热泵机组运行数目 $\hat{n}_{\text{gshp}}^k = \|\boldsymbol{R}_g^k\|_0$、地源热泵机组额定制暖量 $Q_{\text{gshp,rated,cooling}}$ 确定，计算公式如式（3-46）所示：

$$PLR_{\text{gshp}}^k = \frac{Q_{\text{gshp}}^k}{Q_{\text{gshp,rated,cooling}} \hat{n}_{\text{gshp}}^k} = \frac{Q_{\text{gshp}}^k}{Q_{\text{gshp,rated,cooling}} \|\boldsymbol{R}_g^k\|_0} \tag{3-46}$$

供暖季，地源热泵机组的负荷率 PLR_{gshp}^k 由地源热泵系统运行负荷 Q_{gshp}^k、地源热泵机组运行数目 $\hat{n}_{\text{gshp}}^k = \|\boldsymbol{R}_g^k\|_0$、地源热泵机组额定制暖量 $Q_{\text{gshp,rated,heating}}$ 确定，计算公式如式（3-47）所示：

$$PLR_{\text{gshp}}^k = \frac{Q_{\text{gshp}}^k}{Q_{\text{gshp,rated,heating}} \hat{n}_{\text{gshp}}^k} = \frac{Q_{\text{gshp}}^k}{Q_{\text{gshp,rated,heating}} \|\boldsymbol{R}_g^k\|_0} \tag{3-47}$$

2. 浅层土壤源特定取热量进出口水温响应模型

地埋管地源热泵系统原理图如图 3-2 所示。

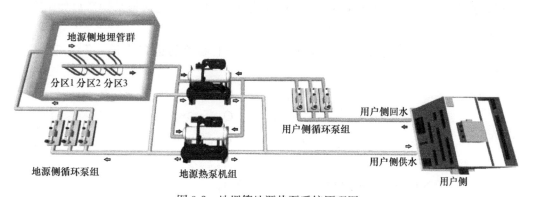

图 3-2 地埋管地源热泵系统原理图

浅层土壤源地埋管群传热数学模型用于确定某一钻孔地埋管换热器群状态变量 S_{state} 下，特定质量流量 G_g 和特定进口水温 $T_{g,\text{in}}$ 下的浅层土壤源的出口水温 $T_{g,\text{out}}$。在特定质量流量 G_g 和取热量 $Q_{g,\text{target}}$ 的情况下，浅层土壤源特定取热量进出口水温响应模型通过数值梯度下降方法确定浅层土壤源的进口水温 $T_{g,\text{in}}$ 和出口水温 $T_{g,\text{out}}$。

浅层土壤源的取热量计算公式如式（3-48）所示：

$$Q_g = c_p \rho G_g (T_{g,\text{out}} - T_{g,\text{in}}) \tag{3-48}$$

式中 Q_g——浅层土壤源的取热量（kW）；

$\quad c_p$——循环水比热容 [kWh/(kg·K)]；

G_g——循环水质量流量（kg/h）；

ρ——循环水密度（kg/m³）；

$T_{g,in}$——浅层土壤源的进口水温（℃）；

$T_{g,out}$——浅层土壤源的出口水温（℃）。

当地源热泵系统处于制冷模式时，它会向浅层土壤中排放热量，这一过程会导致土壤中的热量增加，从而引发浅层土壤地温的上升。反之，当地源热泵系统转换为制暖模式时，系统从土壤中汲取热能以供给室内取暖，这样的能量交换则会导致浅层土壤的温度降低。浅层土壤地温高低会影响浅层土壤侧进出口水温，故应每日及时更新浅层土壤源地温状态，即钻孔地埋管换热器群状态变量 S_{state}。钻孔地埋管换热器群状态变量 S_{state} 根据各钻孔地埋管群分区的日平均循环流量序列、日平均进口温度序列、日平均出口温度序列确定。

结合浅层土壤源模型，在特定质量流量 G_g 和给定浅层土壤源的入口水温 $T_{g,in}$ 下，根据浅层土壤源地埋管群传热数学模型，便可确定浅层土壤源的出口水温 $T_{g,out}$，进而获得浅层土壤源的取热量 Q_g，即存在函数关系 $Q_g = h(T_{g,in})$。

基于取热量 $Q_{g,target}$，判断浅层土壤源的运行模式，若 $Q_{g,target} < 0$，通过在浅层土壤中布置的地埋管换热器冷却循环水，即从浅层土壤源地埋管群的周围岩土中取冷；若 $Q_{g,target} > 0$，通过在浅层土壤中布置的地埋管换热器加热循环水，即从浅层土壤源地埋管群的周围岩土中取热。

通过数值梯度下降方法确定特定取热量下浅层土壤源进出水温度响应，计算流程如下所示：

（1）根据浅层土壤源模型取热量与目标取热量之间的差值绝对值来构造目标函数，构造目标函数 $f(T_{g,in}) = |h(T_{g,in}) - Q_{g,target}|$；

（2）初始化：令迭代次数 $t = 0$，初始化浅层土壤源的进口水温，$T_{g,in}^0 \in [T_{1,min}, T_{1,max}]$。

$$T_{1,min} = \begin{cases} T_{1,min,summer} & Q_{g,target} < 0 \\ T_{1,min,winter} & Q_{g,target} > 0 \end{cases}$$
$$T_{1,max} = \begin{cases} T_{1,max,summer} & Q_{g,target} < 0 \\ T_{1,max,winter} & Q_{g,target} > 0 \end{cases} \quad (3\text{-}49)$$

式中 $T_{1,min}$——浅层土壤源的进口水温最小值（℃）；

$T_{1,max}$——浅层土壤源的进口水温最大值（℃）；

$T_{1,min,summer}$——夏季浅层土壤源的进口水温最小值（℃）；

$T_{1,max,summer}$——夏季浅层土壤源的进口水温最大值（℃）；

$T_{1,min,winter}$——冬季浅层土壤源的进口水温最小值（℃）；

$T_{1,max,winter}$——冬季浅层土壤源的进口水温最大值（℃）。

（3）迭代：计算数值梯度 $\nabla f(T_{g,in}^{(t)})$，确定步长 λ_t。通过给予微小增量 $\Delta T_{g,in}$，计算数值梯度 $\nabla f(T_{g,in}^{(t)}) = \dfrac{f(T_{g,in}^{(t)} + \Delta T_{g,in}) - f(T_{g,in}^{(t)})}{\Delta T_{g,in}}$，当数值梯度的距离 $\|\nabla f(\Delta T_{g,in})\| < \varepsilon$，停止迭代，令 $T_{g,in}^* = T_{g,in}^{(t)}$；否则求步长 λ_t，λ_t 需满足下式：

$$f(T_{g,in}^{(t)} - \lambda_t \nabla f(T_{g,in}^{(t)})) = \min_{\lambda_t \geq 0} f(T_{g,in}^{(t)} - \lambda_t \nabla f(T_{g,in}^{(t)}))$$

（4）收敛准则：数值梯度下降收敛准则，令 $T_{g,in}^{(t+1)} = T_{g,in}^{(t)} - \lambda_t \nabla f(T_{g,in}^{(t)})$，并计算 $f(T_{g,in}^{(t)})$，当 $\| f(T_{g,in}^{(t+1)}) - f(T_{g,in}^{(t)}) \| \leq \varepsilon_2$ 或 $\| T_{g,in}^{(t+1)} - T_{g,in}^{(t)} \| \leq \varepsilon_3$，停止迭代，令 $T_{g,in}^* = T_{g,in}^{(t+1)}$，并基于浅层土壤源地埋管群传热数学模型确定浅层土壤源出口温度 $T_{g,out}^*$，输出浅层土壤源的进口温度 $T_{g,in}^*$、浅层土壤源的出口温度 $T_{g,out}^*$；否则转迭代步骤，继续执行梯度下降。

浅层土壤源特定取热量进出口水温响应整体计算流程如图 3-3 所示。

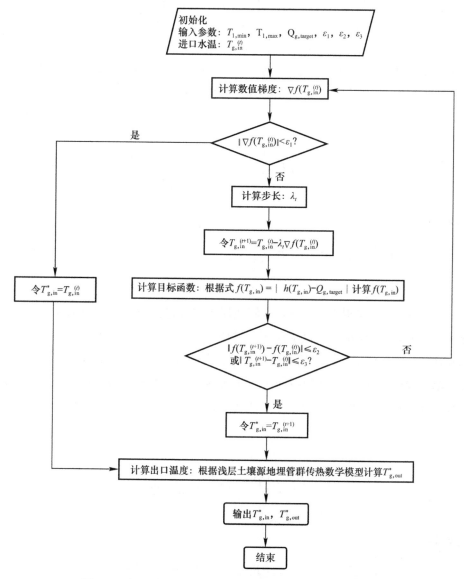

图 3-3　浅层土壤源特定取热量进出口水温响应计算流程图

3. 浅层土壤源侧与地源热泵机组之间耦合数学模型求解

如图 3-2 所示，地源热泵系统中浅层土壤源侧与地源热泵机组之间相互响应。浅层土壤源侧与地源热泵机组之间耦合模型是一个综合性的数学模型，用于描述浅层土壤热源与地源热泵机组之间的相互作用和能量传递过程。根据地源热泵机组模型，浅层土壤源进出口水温会影响地源热泵机组 COP，地源热泵机组 COP 会影响地源热泵机组电功率和浅层土壤源的取热量，浅层土壤源的目标取热量会影响浅层土壤源进出口水温，故而利用不动点迭代技术进行"地上—地下"耦合模型求解。

(1) 初始化浅层土壤源的取热量 Q_g^0、进口水温 $T_{g,in}^0$、出口水温 $T_{g,out}^0$。

基于地源热泵机组额定工况性能，确定当前运行工况下浅层土壤源的取热量。本书中地源热泵系统所有地源热泵机组型号和性能参数一致，且在长周期源侧运行调度优化中，运行的地源热泵机组均分地源热泵系统运行负荷 Q_{gshp}。在供冷季，地源热泵系统负荷为 $Q_{gshp}<0$；在供暖季，地源热泵系统负荷为 $Q_{gshp}>0$。当迭代次数 $t=0$ 时，浅层土壤源进出口水温未知，故而利用供暖季或供冷季浅层土壤源设计进出口水温确定地源热泵机组功率，地源热泵机组总功率 P_{gshp}、浅层土壤源的取热量 Q_g 计算公式如式 (3-50)、式 (3-51) 所示：

供冷季：

$$\begin{cases} P_{gshp}^0 = \hat{n}_{gshp} P_{cooling}\left(T_{load,out}, T_{source,out,des}, \dfrac{-Q_{gshp}}{\hat{n}_{gshp} Q_{gshp,rated,cooling}}\right) \\ Q_g^0 = Q_{gshp} - P_{gshp}^0 \end{cases} \quad (3-50)$$

供暖季：

$$\begin{cases} P_{gshp}^0 = \hat{n}_{gshp} P_{heating}\left(T_{load,out}, T_{source,out,des}, \dfrac{Q_{gshp}}{\hat{n}_{gshp} Q_{gshp,rated,heating}}\right) \\ Q_g^0 = Q_{gshp} - P_{gshp}^0 \end{cases} \quad (3-51)$$

在浅层土壤源特定取热量 Q_g^0 下，求解浅层土壤源进出口水温响应数学模型，确定特定取热量 Q_g^0 下浅层土壤源的进口水温 $T_{g,in}^0$ 和出口水温 $T_{g,out}^0$。

(2) 迭代：更新浅层土壤源的取热量 $Q_g^{(t)}$、进口水温 $T_{g,in}^{(t)}$、出口水温 $T_{g,out}^{(t)}$

基于求解浅层土壤源响应模型所得的进口水温 $T_{g,in}^{(t)}$ 和出口水温 $T_{g,out}^{(t)}$，结合当前运行工况参数，地源热泵机组总功率 $P_{gshp}^{(t+1)}$、浅层土壤源的取热量 $Q_g^{(t+1)}$ 计算公式如式 (3-52)、式 (3-53) 所示：

供冷季：

$$\begin{cases} P_{gshp}^{(t+1)} = \hat{n}_{gshp} P_{cooling}\left(T_{load,out}, T_{g,in}^{(t)}, \dfrac{-Q_{gshp}}{\hat{n}_{gshp} Q_{gshp,rated,cooling}}\right) \\ Q_g^{(t+1)} = Q_{gshp} - P_{gshp}^{(t+1)} \end{cases} \quad (3-52)$$

供暖季：

$$\begin{cases} P_{gshp}^{(t+1)} = \hat{n}_{gshp} P_{heating}\left(T_{load,out}, T_{g,in}^{(t)}, \dfrac{Q_{gshp,heating}}{\hat{n}_{gshp} Q_{gshp,rated,heating}}\right) \\ Q_g^{(t+1)} = Q_{gshp} - P_{gshp}^{(t+1)} \end{cases} \quad (3-53)$$

令 $t=t+1$，在浅层土壤源特定取热量 $Q_g^{(t)}$ 下，求解浅层土壤源进出口水温响应数学模型，确定特定取热量 $Q_g^{(t)}$ 下浅层土壤源的进口水温 $T_{g,in}^{(t)}$ 和出口水温 $T_{g,out}^{(t)}$。

（3）迭代收敛准则

耦合模型求解迭代终止准则：若 $\| P_{\text{gshp}}^{(t)} - P_{\text{gshp}}^{(t-1)} \| \leqslant \varepsilon_4$ 且 $\| Q_{\text{g}}^{(t)} - Q_{\text{g}}^{(t-1)} \| \leqslant \varepsilon_5$，则满足收敛标准，令 $T_{\text{g,in}}^* = T_{\text{g,in}}^{(t)}$，$T_{\text{g,out}}^* = T_{\text{g,out}}^{(t)}$，$P_{\text{gshp}}^* = P_{\text{gshp}}^{(t)}$，$Q_{\text{g}}^* = Q_{\text{g}}^{(t)}$；否则不满足收敛标准，继续执行迭代。

4. 地源热泵系统运行功率

通过利用数值梯度下降和不动点迭代技术，求解浅层土壤源侧与地源热泵机组之间耦合数学模型。结合公式（3-44）～式（3-53），根据特定运行模式 R_{m}^k、地埋管分区运行变量 $\boldsymbol{R}_{\text{g}}^k$、调峰系统运行变量 r_{peak}^k、地源热泵系统运行负荷 Q_{fore}^k，便可确定浅层土壤源和地源热泵机组的运行状态（地源热泵机组电功率 P_{gshp}^k、浅层土壤源的取热量 Q_{g}^k、浅层土壤源的入口水温 $T_{\text{g,in}}^k$、浅层土壤源的出口水温 $T_{\text{g,out}}^k$），可简化为如下形式：

$$\begin{cases} P_{\text{gshp}}^k = P_{\text{gshp}}(R_{\text{m}}^k, \boldsymbol{R}_{\text{g}}^k, r_{\text{peak}}^k, Q_{\text{fore}}^k) \\ Q_{\text{g}}^k = Q_{\text{g}}(R_{\text{m}}^k, \boldsymbol{R}_{\text{g}}^k, r_{\text{peak}}^k, Q_{\text{fore}}^k) \\ T_{\text{g,in}}^k = T_{\text{g,in}}(R_{\text{m}}^k, \boldsymbol{R}_{\text{g}}^k, r_{\text{peak}}^k, Q_{\text{fore}}^k) \\ T_{\text{g,out}}^k = T_{\text{g,out}}(R_{\text{m}}^k, \boldsymbol{R}_{\text{g}}^k, r_{\text{peak}}^k, Q_{\text{fore}}^k) \end{cases} \quad (3-54)$$

式中 P_{gshp}^k——第 k 天地源热泵机组日平均总运行功率（kW），$k \in [1, n_{\text{d}}]$；

Q_{g}^k——第 k 天浅层土壤源的日平均取热量（kW），$k \in [1, n_{\text{d}}]$；

$T_{\text{g,in}}^k$——第 k 天浅层土壤源的日平均入口水温（℃），$k \in [1, n_{\text{d}}]$；

$T_{\text{g,out}}^k$——第 k 天浅层土壤源的日平均出口水温（℃），$k \in [1, n_{\text{d}}]$。

地源热泵系统日平均运行功率计算公式如式（3-55）所示：

$$P_{\text{GSHP}}^k = P_{\text{gshp}}^k + P_{\text{pump,g}}^k = P_{\text{GSHP}}(R_{\text{m}}^k, \boldsymbol{R}_{\text{g}}^k, r_{\text{peak}}^k, Q_{\text{fore}}^k) \quad (3-55)$$

式中 P_{GSHP}^k——第 k 天地源热泵系统日平均运行功率（kW），$k \in [1, n_{\text{d}}]$。

3.2 调峰系统数学模型

复合式地源热泵系统中的调峰系统具有非常重要的意义。首先，调峰系统能够应对地源热泵系统在极端天气条件下的运行挑战。在夏季高温时，地源热泵系统的冷却能力可能会受到限制，此时冷却塔和冷水机组可以作为补充冷却设备，确保系统能够持续、稳定地运行，满足建筑物的冷却需求。同样，在冬季严寒时，锅炉（燃气锅炉或电热锅炉）可以作为调峰设备，补充地源热泵系统的供热能力，确保建筑物内部的温暖舒适。

其次，调峰系统还可以提高系统的可靠性和稳定性。当地源热泵系统出现故障或进行维护时，调峰系统可以作为备用设备，确保建筑物的冷暖需求得到满足，避免因系统故障而导致的服务中断。

3.2.1 调峰供冷系统数学模型

调峰供冷系统原理图如图 3-4 所示。

1. 调峰供冷系统运行负荷

对于长周期源侧运行调度优化，根据地埋管分区运行变量 $\boldsymbol{R}_{\text{g}}^k$、调峰系统运行变量

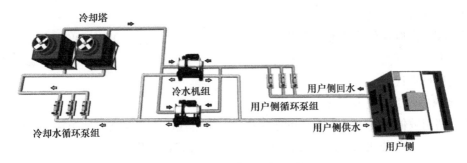

图 3-4 调峰供冷系统原理图

r_{peak}^k、预测的日平均负荷 Q_{fore}^k，确定调峰供冷系统日平均运行负荷 Q_{peak}^k，计算公式如式（3-56）所示：

$$Q_{\text{peak}}^k = \frac{r_{\text{peak}}^k}{\hat{n}_{\text{gshp}}^k + r_{\text{peak}}^k} Q_{\text{fore}}^k = \frac{r_{\text{peak}}^k}{\|\boldsymbol{R}_{\text{g}}^k\|_0 + r_{\text{peak}}^k} Q_{\text{fore}}^k \tag{3-56}$$

式中 Q_{peak}^k——第 k 天调峰制冷系统日平均运行负荷（kW），$k \in [1, n_{\text{d}}]$；

Q_{fore}^k——第 k 天预测的日平均运行负荷（kW），$k \in [1, n_{\text{d}}]$；

$\boldsymbol{R}_{\text{g}}^k$——第 k 天地埋管分区运行变量，$k \in [1, n_{\text{d}}]$；

r_{peak}^k——第 k 天调峰系统运行变量，$k \in [1, n_{\text{d}}]$；

$\hat{n}_{\text{gshp}}^k$——第 k 天地源热泵机组运行数目，$k \in [1, n_{\text{d}}]$。

2. 调峰供冷系统冷水机组数学模型

供冷季，冷水机组负荷率 PLR_{peak}^k 由调峰系统运行负荷 Q_{peak}^k、冷水机组额定制冷量 $Q_{\text{peak, rated, cooling}}$ 确定，计算公式如式（3-57）所示：

$$PLR_{\text{peak}}^k = \frac{Q_{\text{peak}}^k}{Q_{\text{peak, rated, cooling}}} \tag{3-57}$$

式中 PLR_{peak}^k——第 k 天调峰系统冷水机组的负荷率，$k \in [1, n_{\text{d}}]$；

Q_{peak}^k——第 k 天调峰系统运行负荷（kW），$k \in [1, n_{\text{d}}]$；

$Q_{\text{peak, rated, cooling}}$——调峰系统冷水机组额定制冷量（kW）。

本书中，冷水机组采用与地源热泵机组相同的数学模型，并基于冷水机组实测性能数据，利用最小二乘拟合对冷水机组数学模型系数进行回归。冷水机组日平均运行功率 P_{peak}^k 计算公式如式（3-58）所示：

$$\begin{aligned} P_{\text{peak}}^k &= P_{\text{peak, cooling}}(T_{\text{load, out}}^k, T_{\text{tower, in}}^k, PLR_{\text{peak}}^k) \\ T_{\text{tower, in}}^k &= T_{\text{a}}^k + a_{\text{tower, des}} + \Delta T_{\text{tower, des}} \end{aligned} \tag{3-58}$$

式中 P_{peak}^k——第 k 天调峰系统冷水机组运行功率（kW），$k \in [1, n_{\text{d}}]$；

T_{a}^k——第 k 天日平均室外湿球温度（℃）；

$a_{\text{tower, des}}$——设计工况下，空气湿球温度与冷却水供水温度之差（℃）；

$\Delta T_{\text{tower, des}}$——设计工况下，冷却塔进出水温差（℃）；

$T_{\text{load, out}}^k$——为定值 7℃，第 k 天调峰系统冷水机组用户侧出水温度，即冷水供水温度（℃）；

$T_{\text{tower,in}}^{k}$——第 k 天冷却塔进口水温，即冷却水出水温度（℃）；

PLR_{peak}^{k}——第 k 天调峰系统冷水机组负荷率。

3. 调峰供冷系统冷却塔数学模型

冷却塔风机频率优化在调峰供冷系统的冷却系统中具有显著的重要性。风机频率的优化有助于实现冷却水系统运行在高效和经济的状态上。在冷却塔的优化调度和变风量运行时，需要综合考虑冷却水循环泵能耗，以实现整个系统的经济性。

冷却塔风机频率的开环近似最优控制，旨在通过预先设定的频率控制规则，使冷却塔风机在运行过程中接近其最优工作状态，而不需要实时反馈和动态调整。这种开环控制方法简化了控制系统的复杂度，降低了成本，并在大多数运行情况下可以提供可接受的性能。

在开环近似最优控制中，通常根据经验模型、由试验数据确定的半经验模型来确定风机的最优频率。这些最优频率通常是在不同的工况和负荷条件下通过分析和优化得到的。

利用冷却塔风机的运行数据，基于最小二乘算法，辨识冷却塔风机功率函数的性能系数。冷却塔风机功率频率特性曲线表达式如式（3-59）所示：

$$P_{\text{tower}} = a_{0,\text{tower}} + a_{1,\text{tower}} f_{\text{tower}} + a_{2,\text{tower}} f_{\text{tower}}^2 \tag{3-59}$$

式中　　P_{tower}——冷却塔风机功率（kW）；

　　　　f_{tower}——冷却塔风机频率（Hz）；

$a_{0,\text{tower}}$、$a_{1,\text{tower}}$、$a_{2,\text{tower}}$——冷却塔风机功率频率模型系数。

冷却塔风机频率开环近似最优控制，计算公式如式（3-60）所示：

$$\frac{f_{\text{tower}}^k}{f_{\text{tower,max}}} = \begin{cases} 1 - \beta(PLR_{\text{tower,cap}} - PLR_{\text{peak}}^k) & 0.25 \leqslant PLR_{\text{peak}}^k < 1 \\ 4PLR_{\text{peak}}^k [1 - \beta(PLR_{\text{tower,cap}} - 0.25)] & PLR_{\text{peak}}^k \leqslant 0.25 \end{cases} \tag{3-60}$$

其中：

$$\begin{aligned} &\beta = \frac{1}{2PLR_{\text{tower,cap}}} \\ &PLR_{\text{tower,cap}} = \sqrt{3} PLR_0 \\ &PLR_0 = \frac{1}{\sqrt{\dfrac{P_{\text{peak,rated,cooling}}}{P_{\text{tower,des}}} S_{\text{cwr,des}} (a_{\text{tower,des}} + r_{\text{tower,des}})}} \end{aligned} \tag{3-61}$$

式中　　$a_{\text{tower,des}}$——设计工况下，空气湿球温度与冷却水供水温度之差（℃）；

　　　　$r_{\text{tower,des}}$——设计工况下，冷却水供回水温差（℃）；

$P_{\text{peak,rated,cooling}}$——调峰系统冷水机组制冷功率（kW）；

　　　PLR_{peak}^k——第 k 天调峰系统冷水机组日平均负荷率，$k \in [1, n_d]$；

　　　　$S_{\text{cwr,des}}$——调峰系统冷水机组运行功率对冷却水温度的敏感性系数，计算公式如式（3-62）所示：

$$S_{\text{cwr,des}} = c_3 + c_4 T_{\text{tower,out}} + c_5 T_{\text{load,out}} + c_9 PLR_{\text{peak}} \tag{3-62}$$

c_3、c_4、c_5、c_9——调峰系统冷水机组制冷功率模型系数；

　　　$T_{\text{load,out}}$——调峰系统冷水机组用户侧出水温度，即冷水供水温度（℃）；

　　　$T_{\text{tower,out}}$——调峰系统冷水机组空气源侧进水温度，即冷却水回水温度（℃）。

根据确定的冷却塔风机频率 f_{tower}^k，基于公式（3-59）确定冷却塔风机功率 $P_{\text{tower}}^k = a_{0,\text{tower}} + a_{1,\text{tower}} f_{\text{tower}}^k + a_{2,\text{tower}} (f_{\text{tower}}^k)^2$。

调峰系统冷却塔水耗 M_{tower}^k 计算公式如式（3-63）所示：

$$M_{\text{tower}}^k = \frac{1.15(Q_{\text{peak}}^k + P_{\text{peak}}^k)}{\Delta h} = M_{\text{tower}}(\mathbf{R}_g^k, r_{\text{peak}}^k, R_m^k, T_a^k, Q_{\text{fore}}^k) \tag{3-63}$$

式中　M_{tower}^k——第 k 天调峰系统冷却塔水耗（t/h），$k \in [1, n_d]$；

Q_{peak}^k——第 k 天调峰系统日平均运行负荷（kW），$k \in [1, n_d]$；

P_{peak}^k——第 k 天调峰系统日平均运行功率（kW），$k \in [1, n_d]$；

Δh——冷却水焓值（kWh/t）。

4. 调峰供冷系统冷却水循环泵运行功率

在实际运行中，冷却水循环泵需要根据负荷的变化来调整其输出。通过优化水泵频率，可以使其更好地适应负荷的变化，确保系统在不同工况下都能稳定运行。通过优化水泵频率，可以更有效地控制冷却水的流量。在需要更大流量时提高频率，而在流量需求较低时降低频率，以避免不必要的能量消耗，提高整个系统的能效。

冷却塔水雾喷口的最低压力会因具体设备和应用场景的不同而有所差异。一般来说，水雾喷口的最低压力需要足够将水雾喷射到所需的高度和距离，同时保证水雾的均匀分布和冷却效果。此外，冷却塔水雾喷口的最低压力还需要考虑系统的水压、水质等因素。例如，如果水质较差，含有较多的杂质和颗粒物，可能需要更高的压力来确保水雾的均匀分布和冷却效果。同时，气候条件也会影响冷却塔的运行效果和喷口的最低压力要求。综合考虑冷却塔水雾喷嘴的最低压力要求，在冷却水循环水泵量调节下，运行频率计算公式如式（3-64）所示：

$$f_a^k = \begin{cases} PLR_{\text{peak}}^k f_{a,\text{des}} & \dfrac{f_{a,\min}}{f_{a,\text{des}}} \leqslant PLR_{\text{peak}}^k < 1 \\ f_{a,\min} & PLR_{\text{peak}}^k < \dfrac{f_{a,\min}}{f_{a,\text{des}}} \end{cases} \tag{3-64}$$

式中　f_a^k——第 k 天冷却水循环水泵日平均频率（Hz），$k \in [1, n_d]$；

PLR_{peak}^k——第 k 天调峰系统冷水机组日平均负荷率，$k \in [1, n_d]$；

$f_{a,\text{des}}$——冷却水循环水泵设计工况运行频率（Hz）；

$f_{a,\min}$——冷却水循环水泵最小运行频率（Hz）。

冷却塔、调峰冷却水循环水泵、冷水机组（仅1台）串联连接，类似于浅层土壤源地埋管群水力数学模型，冷却水循环水泵日平均运行功率 $P_{\text{pump},a}^k$ 仅与运行频率 f_a^k 相关，计算公式如式（3-65）所示：

$$P_{\text{pump},a}^k = P_{\text{pump},a}(f_a^k) \tag{3-65}$$

式中　$P_{\text{pump},a}^k$——第 k 天冷却水循环水泵日平均运行功率（kW），$k \in [1, n_d]$；

f_a^k——第 k 天冷却水循环水泵日平均频率（Hz），$k \in [1, n_d]$。

5. 调峰供冷系统运行功率

调峰供冷系统中冷却塔风机运行频率采取开环近似最优控制，冷却水循环水泵采取保证冷却塔水雾喷嘴最低压力要求的量调节变频控制，调峰供冷系统日平均运行功率公式如式（3-66）所示：

$$P_{\text{PEAK}}^k = P_{\text{peak}}^k + P_{\text{tower}}^k + P_{\text{pump,a}}^k = P_{\text{PEAK}}(\boldsymbol{R}_{\text{g}}^k, r_{\text{peak}}^k, R_{\text{m}}^k, T_{\text{a}}^k, Q_{\text{fore}}^k) \quad (3\text{-}66)$$

式中 P_{PEAK}^k ——第 k 天调峰系统日平均运行功率（kW），$k \in [1, n_{\text{d}}]$；

P_{peak}^k ——第 k 天调峰系统冷水机组日平均运行功率（kW），$k \in [1, n_{\text{d}}]$；

P_{tower}^k ——第 k 天调峰系统冷却塔风机日平均运行功率（kW），$k \in [1, n_{\text{d}}]$；

$P_{\text{pump,a}}^k$ ——第 k 天调峰系统冷却水循环泵日平均运行功率（kW），$k \in [1, n_{\text{d}}]$。

3.2.2 调峰供暖系统数学模型

调峰供暖系统原理图如图 3-5 所示。

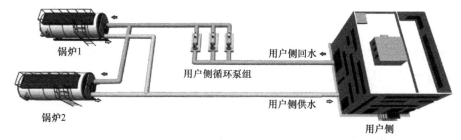

图 3-5 调峰供暖系统原理图

1. 调峰供暖系统热水锅炉数学模型

热水锅炉的数学模型是一个描述热水锅炉内水加热过程的数学模型。该模型通常涉及水的流动、热传递和热量平衡等方面。在热水锅炉的数学模型中，首先，需要考虑的是水的流动。水在锅炉内通过管道和散热器流动，与燃烧产生的热量进行热交换。因此，水的流动速度和流动路径对锅炉的加热效果有重要影响。其次，热传递过程是热水锅炉数学模型的核心。燃烧产生的热量通过热传导、对流和辐射等方式传递给水，使水温升高。这个过程中，需要考虑热量传递的速率、传递方式和传递效率等因素。最后，热量平衡也是热水锅炉数学模型中需要考虑的重要因素。锅炉内燃烧产生的热量必须与水吸收的热量保持平衡，以确保锅炉的稳定运行。同时，还需要考虑热量损失和散热等因素对热量平衡的影响。通过建立热水锅炉的数学模型，可以对锅炉的加热过程进行仿真和分析，预测锅炉的性能和效率，优化运行参数，提高能源利用效率。这对于热水锅炉的设计、运行和维护具有重要意义。

考虑热水锅炉循环流量 G_{boiler}、热水锅炉循环水出口温度 $T_{\text{boiler,out}}$、热水锅炉负荷率 PLR_{boiler} 对热水锅炉运行效率的影响，构建热水锅炉数学模型，如式（3-67）所示：

$$\begin{aligned} \eta_{\text{boiler}} &= \eta_{\text{boiler}}(G_{\text{boiler}}, T_{\text{boiler,out}}, PLR_{\text{boiler}}) \\ &= [G_{\text{boiler}} \quad T_{\text{boiler,out}} \quad PLR_{\text{boiler}}] \begin{bmatrix} a_{11} & a_{12} & a_{13} \\ a_{21} & a_{22} & a_{23} \\ a_{31} & a_{32} & a_{33} \end{bmatrix} \begin{bmatrix} G_{\text{boiler}} \\ T_{\text{boiler,out}} \\ PLR_{\text{boiler}} \end{bmatrix} + [b_1 \quad b_2 \quad b_3] \begin{bmatrix} G_{\text{boiler}} \\ T_{\text{boiler,out}} \\ PLR_{\text{boiler}} \end{bmatrix} + c \\ &= a_{11} G_{\text{boiler}}^2 + 2 a_{12} G_{\text{boiler}} T_{\text{boiler,out}} + 2 a_{13} G_{\text{boiler}} + a_{22} T_{\text{boiler,out}}^2 + a_{23} T_{\text{boiler,out}} PLR_{\text{boiler}} \\ &\quad + a_{33} PLR_{\text{boiler}}^2 + b_1 G_{\text{boiler}} + b_2 T_{\text{boiler,out}} + b_3 PLR_{\text{boiler}} + c \end{aligned} \quad (3\text{-}67)$$

式中 η_{boiler} ——热水锅炉运行效率；

$T_{\text{boiler,out}}$ ——热水锅炉循环水出口温度（℃）；

PLR_{boiler}——热水锅炉负荷率；

a——热水锅炉数学模型二次项系数；

b——热水锅炉数学模型一次项系数；

c——热水锅炉数学模型常系数。

2. 调峰供暖系统运行功率

对于长周期源侧运行调度优化，根据地埋管分区运行变量 $\boldsymbol{R}_g^k$、调峰系统运行变量 r_{peak}^k、预测的日平均负荷 Q_{fore}^k，确定调峰供暖系统日平均运行负荷 Q_{peak}^k，计算公式如式（3-68）所示：

$$Q_{\text{peak}}^k = \frac{r_{\text{peak}}^k}{\hat{n}_{\text{gshp}}^k + r_{\text{peak}}^k} Q_{\text{fore}}^k = \frac{r_{\text{peak}}^k}{\|\boldsymbol{R}_g^k\|_0 + r_{\text{peak}}^k} Q_{\text{fore}}^k \tag{3-68}$$

热水锅炉负荷率 PLR_{peak}^k 由调峰系统运行负荷 Q_{peak}^k、热水锅炉额定制热量 $Q_{\text{peak,rated,heating}}$ 确定，计算公式如式（3-69）所示：

$$PLR_{\text{peak}}^k = \frac{Q_{\text{peak}}^k}{Q_{\text{peak,rated,heating}}} \tag{3-69}$$

若热水锅炉为电热水锅炉，热水锅炉日平均运行功率 P_{peak}^k 计算公式如式（3-70）所示：

$$P_{\text{PEAK}}^k = P_{\text{peak}}^k = \frac{Q_{\text{peak}}^k}{\eta_{\text{boiler}}(G_{\text{boiler,des}}, T_{\text{boiler,out,des}}, PLR_{\text{boiler}}^k)} \tag{3-70}$$

式中 P_{PEAK}^k——第 k 天调峰系统日平均运行功率（kW），$k \in [1, n_d]$；

P_{peak}^k——第 k 天调峰热水锅炉日平均运行功率（kW），$k \in [1, n_d]$；

$T_{\text{boiler,out,des}}$——热水锅炉循环水的设计出水温度（℃）；

$G_{\text{boiler,des}}$——热水锅炉循环水的设计流量（m³/h）；

PLR_{boiler}^k——第 k 天调峰热水锅炉日平均负荷率，$k \in [1, n_d]$。

若热水锅炉为燃气锅炉，热水锅炉日平均燃气运行流量 G_{fuel}^k 计算公式如式（3-71）所示：

$$G_{\text{fuel}}^k = \frac{Q_{\text{peak}}^k}{\eta_{\text{boiler}}(G_{\text{boiler,des}}, T_{\text{boiler,out,des}}, PLR_{\text{boiler}}^k) c_{\text{fuel}}} \tag{3-71}$$

式中 G_{fuel}^k——第 k 天调峰热水锅炉日平均燃气消耗量（m³/h），$k \in [1, n_d]$；

c_{fuel}——燃气低位热值（kWh/m³）。

3.3 复合式地源热泵系统长周期源侧运行调度优化

3.3.1 遗传算法优化原理

1. 算法简介

遗传算法（Genetic Algorithm，GA）作为进化计算的一个重要分支，基于达尔文的自然选择和遗传学机理，通过模拟自然界的生物进化过程，采用随机搜索策略来寻找问题的全局最优解。这一算法深受自然界"自然选择"和"优胜劣汰"的进化规律启发，通过模拟生物进化中的自然选择、交配和变异等过程，逐步优化问题的解空间。

遗传算法的核心思想在于利用染色体编码表示问题的解，通过选择、交叉（交配）和变异等遗传操作，不断迭代更新种群，从而逐步逼近问题的最优解。在这一过程中，适应度函数扮演着关键角色，用于评估每个染色体的优劣，指导算法的搜索方向。

遗传算法最初由美国 Michigan 大学的 Holland 教授提出，并在他的著作《Adaptation in Natural and Artificial Systems》中进行了详细的阐述，并已广泛应用于各种工程领域的优化问题中。需要注意的是，遗传算法在适应度函数选择不当的情况下有可能收敛于局部最优，而不能达到全局最优。

遗传算法的基本概念包括染色体、个体、群体和适应度函数。问题的每一个可能解都被编码成一个"染色体"，即个体。若干个个体构成了群体，也就是所有可能解的集合。在遗传算法开始时，总是随机地产生一些个体，也就是初始解。在遗传算法的执行过程中，首先通过评估函数计算每个染色体的适应值，以衡量其优劣。适应值越大的染色体，表示其对应的解越接近最优解。

在选择阶段，算法按照一定的规则从当前种群中选择出优秀的染色体，作为父代种群进行交配。通常情况下，适应值较高的染色体被选中的概率较大，这体现了"适者生存"的原则。

在交配阶段，每两个成功交配的染色体通过交换部分基因来产生两个新的子代染色体。这些子代染色体将取代父代染色体进入新的种群，而没有参与交配的染色体则直接进入新种群。

最后，在变异阶段，新种群中的染色体以较小的概率发生变异。变异操作会导致染色体上的某些基因值发生改变，从而增加种群的多样性，避免算法过早陷入局部最优解。经过变异操作后，新的种群将替代原种群进入下一次进化过程。

通过不断重复选择、交配和变异等遗传操作，遗传算法能够逐步逼近问题的全局最优解。这一过程中，算法的搜索能力和寻优效率得到了显著提高，使得遗传算法成为解决复杂优化问题的一种有效工具。

表 3-1 总结了遗传算法的基本要素和生物遗传进化的生物要素对照关系。

遗传算法的基本要素和生物遗传进化的生物要素对照表 表 3-1

生物遗传进化	遗传算法
群体	问题搜索空间的一组有效解（规模 N）
种群	经过选择产生的新群体（规模 N）
染色体	问题有效解的编码串
基因	染色体的一个编码单元
适应能力	染色体的适应值
交配	两个染色体交换部分基因得到两个新的子代染色体
变异	染色体某些基因的数值发生改变
进化结束	算法满足终止条件时结束，输出全局最优解

2. 遗传算法编码模式

遗传算法编码模式是指将问题的解表示成遗传算法所能处理的染色体形式。编码是遗传算法的关键步骤之一,将直接影响到后续的遗传操作(如选择、交叉、变异)能否有效地进行。常见的遗传算法编码方式有以下几种:

(1) 二进制编码:这是最简单和最常用的编码方式。它将问题的解表示为一个由 0 和 1 组成的二进制字符串。二进制编码的优点是可以直接应用各种位运算操作,编解码简单,交叉和变异等操作易于实现,符合最小字符集编码原则;缺点是对于连续变量或高精度要求的问题,二进制编码的精度可能不够。

(2) 格雷码:也是一种二进制字符串,它在相邻的整数之间只有一个位数的差异。这种特性使得格雷码在遗传算法中具有一些独特的优势,特别是在处理连续函数的优化问题时。在遗传算法中,格雷码编码可以提高算法的局部搜索能力,能够保持相邻整数之间的连续性。当使用二进制编码时,由于随机性,连续整数之间的编码可能会有很大的差异,这可能导致在搜索过程中跳过一些潜在的解。而使用格雷码编码,由于相邻整数之间只有一个位数的差异,算法可以更加平滑地在解空间中进行搜索,从而避免错过一些优秀的解。

格雷码与二进制编码之间可以相互转换,假设二进制编码 $B=b_m b_{m-1} \cdots b_2 b_1$,与其相对应的格雷码为 $G=g_m g_{m-1} \cdots g_2 g_1$,由二进制编码转格雷码的转换公式为:

$$\begin{aligned} g_m &= b_m \\ g_i &= b_{i+1} \oplus b_i, i \in [1, m-1] \end{aligned} \tag{3-72}$$

由格雷码转二进制的转换公式为:

$$\begin{aligned} b_m &= g_m \\ b_i &= b_{i+1} \oplus g_i, i \in [1, m-1] \end{aligned} \tag{3-73}$$

(3) 实数编码:实数编码也称为浮点数编码,将问题的解表示为实数向量。实数编码的优点是可以直接表示连续变量的解,具有较高的精度;缺点是可能需要进行一些特殊处理,如缩放和平移,以适应遗传算法的操作。在浮点数编码方法中,必须保证基因值在给定的区间限制范围内,遗传算法中所使用的交叉、变异等遗传算子也必须保证其运算结果所产生的新个体的基因值也在这个区间限制范围内。

(4) 排列编码法:排列编码法也称为序列编码法,是一种特殊的编码方式,主要用于处理一些具有特定顺序要求的问题。在这种编码方式中,每个染色体被表示为一个序列,序列中的元素代表问题中的不同实体或对象,而序列的顺序则表示这些实体或对象之间的相对关系或顺序。排列编码法的优点在于它能够直接反映问题中的顺序要求,使得算法在搜索过程中能够更加直接地找到满足条件的解。此外,排列编码法还具有易于理解和实现的特点,因此在一些特定的问题中得到了广泛的应用。

(5) 符号编码:符号编码用于表示具有特定含义的符号或标记。例如,在组合优化问题中,可以使用符号编码来表示不同的排列或组合。符号编码的优点是可以直接表示问题的结构,易于理解和解释;缺点是可能需要设计特定的遗传操作来保持编码的有效性。

3. 遗传算法选择

遗传算法选择(Selection)操作是遗传算法流程中的一个重要环节,其目的是从当前群体中选择出优良的个体,使它们有机会作为父代为下一代繁衍子孙。选择操作的目的是要保留优良个体,淘汰劣质个体,从而使整个群体向更优的方向进化。

在选择操作中,通常根据每个个体的适应度值来评估其优劣。适应度值越高的个体,被选中的概率就越大。这样，经过若干代的选择和繁衍，群体中个体的适应度值会逐步提高，最终趋近于全局最优解。遗传算法中常用的选择算子有以下几种：

（1）轮盘赌选择（Roulette Wheel Selection）：根据每个个体的适应度值在总适应度值中的比例来随机选择个体。适应度值越高的个体被选中的概率越大。

1）蒙特卡罗法：个体被选择的概率为其适应度值占种群各个个体适应度值总和的比例，个体被选择的概率为：

$$p_i = \frac{f_i}{\sum_{i=1}^{N} f_i}, i=1,2,3,\cdots,N \tag{3-74}$$

2）Boltzmann 选择法：在遗传算法的进化过程中，选择策略对于平衡全局搜索和局部优化至关重要。通过引入 Boltzmann 选择机制，可以动态地调整种群进化过程的选择压力，从而实现更有效的搜索。在进化初期，设置较小的选择压力，这意味着即使适应度较小的个体也有一定的生存机会。这种做法有助于保持种群的多样性，并防止算法过早地陷入局部最优解。随着进化的推进，逐渐增加选择压力，使得适应度较高的个体在选择过程中占据更大的优势。这样做可以加快算法的收敛速度，并提高找到全局最优解的可能性。个体被选择的概率为：

$$p_i = \frac{e^{f_i/T}}{\sum_{i=1}^{N} e^{f_i/T}}, i=1,2,3,\cdots,N \tag{3-75}$$

式中的 T 为退火温度，退火温度 $T>0$，T 随着迭代代数的增加而减小，种群选择压力随着 T 的减小而增加。

（2）锦标赛选择（Tournament Selection）：从群体中随机选择若干个个体进行比较，选择其中适应度值最高的个体作为父代。锦标赛选择的优点是它可以避免超级个体的过度繁殖，从而保持群体的多样性。

（3）截断选择（Truncation Selection）：根据个体的适应度值对群体进行排序，选择适应度值较高的前一部分个体作为下一代群体。截断选择的优点是它可以快速淘汰适应度值较低的个体，从而加速算法的收敛速度。

（4）随机遍历抽样选择（Stochastic Universal Sampling Selection）：在选择过程中，通过随机抽样的方式选择个体，确保每个个体都有被选中的机会。

4. 遗传算法交叉

遗传算法交叉（Crossover）操作是模拟生物进化中的基因重组过程，其目的是通过交换两个父代个体的部分基因，生成新的个体，从而增加种群的多样性，并有可能产生适应度更高的后代。交叉操作是遗传算法中的核心步骤之一，对于算法的性能和收敛速度具有重要影响。

在遗传算法中，常用的交叉操作有以下几种：

（1）单点交叉（Single-Point Crossover，SPC）：在父代个体的基因序列上随机选择一个交叉点，然后将两个父代个体在交叉点之后的部分基因进行互换，从而生成两个新的子代个体。单点交叉操作相对简单，易于实现，但可能会破坏父代个体的优良基因结构，从而影响算法的搜索效率。

(2) 两点交叉（Two-Point Crossover，TPC）：与单点交叉类似，但随机选择两个交叉点，然后将两个父代个体在两个交叉点之间的部分基因进行互换。两点交叉能够保留更多的父代基因信息，但可能会增加算法的计算复杂度。

(3) 均匀交叉（Uniform Crossover，UC）：以一定的交叉概率，随机选择父代个体的每个基因位进行互换。均匀交叉能够确保每个基因位都有机会参与到交叉过程中，从而增加种群的多样性。但需要注意的是，过高的交叉概率可能导致算法陷入随机搜索，降低搜索效率。

(4) 部分匹配交叉（Partially Matched Crossover，PMC）：在父代个体的基因序列上随机选择两个交叉点，并交换两个交叉点之间的部分基因。为了保证生成的子代个体具有合法性（即满足问题的约束条件），PMC 交叉需要对交换后的基因进行部分匹配修复操作。

(5) 基于适应度的启发式多点交叉（Heuristic Multi-point Crossover Based on Fitness，HMPCBF）：随机选择交叉点的位置，并基于父代基因串适应度差异动态继承父代基因串基因（或基因块）。假设基因串 A 和 B 是选择出来进行交叉操作的父代个体，其基因串的适应度分别记为 f_A 和 f_B。交叉数量 N_c，根据研究问题的特性和种群规模确定。为确保交叉操作的随机性和探索性，交叉点位置是随机产生的，利用随机数生成器生成分布在 $[0, L-1]$ 区间内 N_c 个随机数，A_i 表示父代基因串的第 i 个基因（或基因块）。

若 $A_i = B_i$，即两个父代基因串交叉位置基因（或基因块）相同，则子代基因串 C 相应位置基因（或基因块）$C_i = A_i = B_i$；若 $A_i \neq B_i$，按概率 p_{inherit} 使得 $C_i = A_i$，按照概率 $1 - p_{\text{inherit}}$ 使得 $C_i = B_i$，$p_{\text{inherit}} = 0.5 + \dfrac{f_B - f_A}{f_A + f_B}$。

5. 遗传算法变异

遗传算法变异操作是模拟生物进化中的基因突变过程，通过对个体基因序列中的某些基因值进行随机改变，以引入新的基因信息并增加种群的多样性。变异操作有助于算法跳出局部最优解，提高全局搜索能力。

变异操作的具体方法有很多种，以下是几种常见的变异操作方法：

(1) 位变异（Bit Mutation）：适用于二进制编码的个体。随机选择个体中的一个或多个基因位，并将其值进行翻转（从 0 变为 1，或从 1 变为 0）。位变异操作简单，但可能会破坏个体的优良基因结构。

(2) 交换变异（Swap Mutation）：适用于排列编码的个体。随机选择个体中的两个基因位置，并交换这两个位置上的基因值。交换变异可以保持个体的基因结构完整性，同时引入新的基因组合。

(3) 插入变异（Insertion Mutation）：适用于排列编码的个体。随机选择个体中的一个基因位置，并将其移动到另一个随机位置。插入变异可以增加个体的基因多样性，有助于算法跳出局部最优解。

(4) 逆转变异（Inversion Mutation）：适用于排列编码的个体。随机选择个体中的一个基因片段，并将其逆序排列。逆转变异可以保持个体的基因结构多样性，有助于算法在搜索空间中寻找更好的解。

在遗传算法中，交叉概率和变异概率的设定对算法性能和收敛性具有决定性影响。高交叉概率加速新个体的生成，促进搜索空间的快速探索，但过高则可能破坏优秀遗传模式，导致高适应度个体结构迅速瓦解。相反，低交叉概率使搜索缓慢甚至停滞，降低搜索效率。变异概率过小限制新个体结构的产生，影响搜索空间探索；过大则使算法变为随机搜索，失去遗传机制优势。针对不同问题，需实验确定最佳参数，但普适性困难。Srinivas等[70]提出自适应遗传算法，交叉和变异概率随适应度动态调整。适应度趋同或陷入局部最优时，概率增加，增强多样性，避免停滞；适应度分散时，概率减少，保护高适应度个体，加速收敛。同时，根据个体适应度与群体平均值的比较，进行个体化调整。此策略使遗传算法针对问题特性和搜索需求提供最佳参数，平衡全局搜索和局部优化，提高求解质量和效率，增强算法的鲁棒性和自适应性。

自适应遗传算法中交叉概率 P_c 和变异概率 P_m 的计算公式如式（3-76）、式（3-77）所示：

$$P_c = \begin{cases} \dfrac{k_1(f_{\max}-f)}{f_{\max}-f_{\text{avg}}} , & f \geqslant f_{\text{avg}} \\ k_2 , & f < f_{\text{avg}} \end{cases} \tag{3-76}$$

$$P_m = \begin{cases} \dfrac{k_3(f_{\max}-\hat{f})}{f_{\max}-f_{\text{avg}}} , & \hat{f} \geqslant f_{\text{avg}} \\ k_4 , & \hat{f} < f_{\text{avg}} \end{cases} \tag{3-77}$$

式中　　$f_{\max}$——种群中的最大适应值；

f_{avg}——种群平均适应值；

f——交叉操作中两个个体中的较大的适应值；

$\hat{f}$——待变异个体的适应值；

k_1、k_2、k_3、k_4——均为常数，其中 $k_1 < k_2$，$k_3 < k_4$。

3.3.2 复合式地源热泵系统长周期源侧运行调度优化

本书中的复合式地源热泵由地埋管地源热泵系统、调峰系统组成，地埋管地源热泵系统为主体，调峰系统可以为调峰供冷系统或调峰供暖系统，但不适应于同时包含调峰供冷或调峰供暖系统。长周期指本年供冷季开始后某一天 t_{start} 至次年供冷季开始 t_{end}，共计 n_d 天。过渡季节复合式地源热泵系统不运行，故运行调度优化间隔 ΔT 仅作用于供冷季和供暖季，且在一个运行调度优化间隔周期内每天的地埋管群分区运行变量 $\boldsymbol{R}_g^k$、调峰系统运行变量 r_{peak}^k 均一致，共计 n_{cool} 个供冷季运行调度优化间隔，n_{heat} 个供暖季运行调度优化间隔。需注意的是，因供冷季、供暖季运行天数可能无法整除 ΔT，故供冷季、供暖季最后一个优化间隔天数可能不足 ΔT。

本书提出了一种基于遗传算法的复合式地源热泵系统长周期源侧运行调度优化方法。该方法的核心在于针对长周期内不同时段浅层地热能与其他调峰能源的特性，对复合式地源热泵系统的运行调度策略进行灵活调整，以实现能源供应的合理分配。这一优化策略在确保地源热泵系统浅层土壤源在夏季取冷和冬季取热保持平衡的基础上，最大化地利用可再生能源，从而提高能源利用效率。

1. 运行调度优化目标函数

为了实现在维持地源热泵系统地源侧取冷取热平衡的条件下，尽可能降低复合式地源热泵系统的运行能耗这一目标，构建运行调度优化目标函数，该函数综合考虑了不同时段内的能源利用效率和地源热泵系统的运行能耗，优化目标函数，即适应值函数如下所示：

$$F = C_{\text{constant}} - \left\{ \begin{array}{l} \sum\limits_{i=1}^{n_\text{d}} \left[(P_{\text{GSHP}}^k + P_{\text{PEAK}}^k) n_\text{o} C_{\text{elc}} + M_{\text{tower}}^k n_\text{o} C_{\text{water}} + G_{\text{fuel}}^k n_\text{o} C_{\text{fuel}} \right] \\ + \rho_\text{ò} \left(\left| \sum\limits_{i=1}^{n_\text{d}} Q_\text{g}^k n_\text{o} + Q_\text{g}' \right| \right)^2 \end{array} \right\} \quad (3\text{-}78)$$

式中 F——优化函数；

C_{constant}——较大常数，用于将最小值优化问题转换为最大值优化问题，保证群体或种群中个体适应值为正；

P_{PEAK}^k——第 k 天调峰系统日平均运行功率（kW），$k \in [1, n_\text{d}]$；

P_{GSHP}^k——第 k 天地源热泵系统日平均运行功率（kW），$k \in [1, n_\text{d}]$；

G_{fuel}^k——第 k 天调峰系统日平均燃气运行量（m³/h），$k \in [1, n_\text{d}]$；

M_{tower}^k——第 k 天调峰系统冷却塔水耗（t/h），$k \in [1, n_\text{d}]$；

n_o——日运行小时数（h）；

C_{elc}——单位电价（元/kWh）；

C_{water}——单位水价（元/t）；

C_{fuel}——单位燃气价格 [元/(m³/h)]；

$\rho_\text{ò}$——考虑地源侧冷热不平衡惩罚因子；

Q_g^k——第 k 天浅层地热源日平均取热量（kW），$k \in [1, n_\text{d}]$；

Q_g'——本年供冷季开始至 t_{start} 期间浅层土壤源累计取热量（kWh）。

2. 运行调度优化决策变量可行域

运行调度优化决策变量为每日地埋管分区运行变量、调峰系统运行变量，可表示为：$X = [R_\text{g}^k \quad r_{\text{peak}}^k]$，$k \in [1, n_\text{d}]$。基于运行调度优化间隔内每天的地埋管分区运行变量 R_g^k、调峰系统运行变量 r_{peak}^k 均一致，决策变量可变形为 $\hat{X}$：$\hat{X} = [\hat{R}_\text{g}^{m_\text{g}} \quad \hat{r}_{\text{peak}}^{m_\text{p}}]$，$m_\text{g} \in [1, n_{\text{cool}} + n_{\text{heat}}]$，若复合式系统包含调峰供暖系统，$m_\text{p} \in [n_{\text{cool}}, n_{\text{cool}} + n_{\text{heat}}]$，若复合式系统包含调峰供冷系统，$m_\text{p} \in [1, n_{\text{cool}}]$。$\hat{R}_\text{g}^{m_\text{g}}$ 表示第 m_g 个调度优化间隔内的地埋管分区运行变量，$\hat{r}_{\text{peak}}^{m_\text{p}}$ 表示第 m_p 个调度优化间隔内的调峰系统运行变量。

在遗传算法中，决策变量可行域对染色体修正至关重要。这主要体现在以下方面：首先，保持解的合法性。决策变量的可行域明确了问题解空间中每个决策变量的取值范围。染色体修正机制确保在遗传算法迭代过程中，即便经历交叉、变异等操作，新生成的个体（即染色体）依然符合这些约束条件，从而维持解的合法性。其次，提高搜索效率。若不进行染色体修正，可能产生大量无效解，这不仅浪费计算资源，还可能使算法陷入局部最优，降低搜索效率。通过修正染色体，算法能更快速、准确地逼近全局最优解。最后，促进算法的收敛。遗传算法的收敛性是其性能的关键。通过修正染色体，算法能更快地收敛到全局最优解，从而显著提升算法的性能和效率。

复合式热泵系统包含地埋管地源热泵系统和调峰供冷系统，浅层土壤源地埋管群有两个可控制分区。决策变量可行域确定流程如下所示：

(1) 计算供冷季、供暖季各调度优化间隔内的最大日平均负荷 $\hat{Q}_{\text{fore}}^{m_g}$。

(2) 计算供冷季复合式地源热泵系统各种地埋管分区运行变量 $\hat{R}_g$ 和调峰系统运行变量 $\hat{r}_{\text{peak}}$ 组合工况下最大运行负荷 $\hat{Q}_{\text{max,cool}}$；计算供暖季复合式地源热泵系统各种地埋管分区运行变量 $\hat{R}_g$ 工况下最大运行负荷 $\hat{Q}_{\text{max,heat}}$。

供冷季，各组合工况示例如式（3-79）所示：

$$(\hat{R}_g, \hat{r}_{\text{peak}}) = \begin{cases} [(0,0),(1)] \\ [(0,1),(1)] \\ [(1,0),(1)] \\ \vdots \\ [(1,0),(0)] \\ [(1,1),(1)] \end{cases} = \begin{cases} \hat{Q}_{\text{max,cool},1} \\ \hat{Q}_{\text{max,cool},2} \\ \hat{Q}_{\text{max,cool},3} \\ \vdots \\ \hat{Q}_{\text{max,cool},6} \\ \hat{Q}_{\text{max,cool},7} \end{cases} \quad (3-79)$$

供暖季，各组合工况示例如式（3-80）所示：

$$(\hat{R}_g) = \begin{cases} (0,1) \\ (1,0) \\ (1,1) \end{cases} = \begin{cases} \hat{Q}_{\text{max,heat},1} \\ \hat{Q}_{\text{max,heat},2} \\ \hat{Q}_{\text{max,heat},3} \end{cases} \quad (3-80)$$

(3) 计算满足供冷季、供暖季各调度优化间隔内的最大日平均负荷 $\hat{Q}_{\text{fore}}^{m_g}$ 的决策变量可行域。在供冷季，若地埋管群分区和调峰系统均运行，仍不可满足 $\hat{Q}_{\text{fore}}^{m_g}$，则可行域仅有 1 种工况，即地埋管群分区和调峰系统均运行，$(\hat{R}_g, \hat{r}_{\text{peak}}) = (1,1),(1)$。在供暖季，若地埋管分区均运行，仍不可满足 $\hat{Q}_{\text{fore}}^{m_g}$，则可行域仅有 1 种工况，即地埋管群分区运行，$(\hat{R}_g) = (1,1)$。

3. 基于遗传算法的运行调度优化求解

基于遗传算法求解复合式地源热泵系统源侧运行调度优化这一复杂的优化问题。遗传算法模拟了自然选择和遗传学中的进化过程，通过迭代搜索来寻找问题的最优解。在基于遗传算法的运行调度优化求解中，问题的解被表示为染色体（或称为个体），每个染色体代表一种可能的运行调度方案。染色体通常由一系列基因（或基因块）组成，每个基因（或基因块）对应一个决策变量或参数。

复合式地源热泵系统长周期源侧运行调度优化方法求解流程如图 3-6 所示，具体过程和关键步骤为：

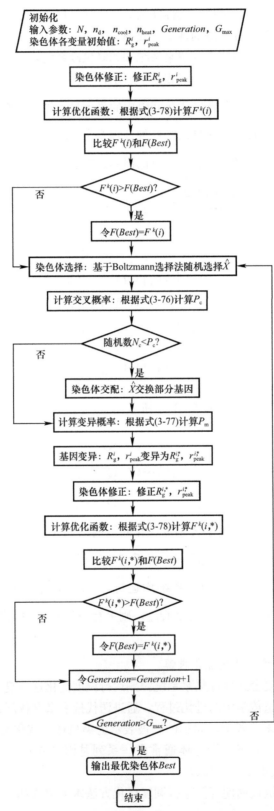

图 3-6 复合式地源热泵系统长周期源侧运行调度优化方法求解流程图

(1) 利用二进制编码方法对染色体进行编码以表征决策变量 $\hat{X}$，其二进制编码表示如式 (3-81) 所示：

$$[0\ 1\ 1\ 1\ 0\ 0\ 1\ 1\ 1\ \cdots\ 1\ 0\ 0\ 1\ 1\ 1]$$
$$\Downarrow$$
$$[(0\ 1\ 1)(\cdots)(1\ 1\ 1)\cdots(1\ 0)\cdots(1\ 1)] \quad (3\text{-}81)$$
$$\Downarrow$$
$$[(\hat{R}_g^1\quad \hat{r}_{peak}^1)(\hat{R}_g^{m_g}\quad \hat{r}_{peak}^{m_p})(\hat{R}_g^{n_{cool}}\quad \hat{r}_{peak}^{n_{cool}})\cdots(\hat{R}_g^{n_{cool}+1})(\hat{R}_g^{m_g})(\hat{R}_g^{n_{cool}+n_{heat}})]$$

(2) 群体初始化

初始化规模为 N 的群体，采用生成随机数的方法，对染色体的每一维变量进行初始化赋值。当前进化代数 $Generation=0$。

(3) 染色体修正

为保证染色体群体中各染色体均为长周期运行调度优化问题的有效解，即染色体位于决策变量 $\hat{X}$ 的可行域，若染色体不是长周期运行调度优化问题的有效解，则对不满足有效解定义的染色体片段进行修正，保证染色体为长周期运行调度优化问题的有效解。

(4) 适应值评价，保存最优染色体

基于复合式地源热泵系统长周期源侧运行调度优化目标函数评估各个染色体的适应值，染色体适应值越大的染色体越优，保存适应值最大的染色体 $Best$。

(5) 选择

根据 Boltzmann 选择法在染色体群体中选择染色体，根据每个个体的适应度值在总适应度值中的比例来随机选择个体。适应度值越高的个体被选中的概率越大。同时由于是随机选取，也保证了适应值小的染色体也有可能被选中。

(6) 交叉

在染色体交配阶段，每个染色体能否进行交配操作由交叉概率 P_c [由式 (3-76) 计算] 决定，其具体过程为：对于每个染色体，如果均匀分布产生的 $[0,1]$ 区间的随机数小于 P_c 则表示该染色体可进行交配操作，否则染色体不参与交配直接复制到新种群中。

每两个按照 P_c 交配概率选择出来的染色体进行交配，经过交换各自的部分基因，产生两个新的子代染色体。基于适应度的启发式多点交叉产生两个新的子代染色体，并将其添加到新种群中。

(7) 变异

按照变异概率 P_m [由式 (3-77) 计算] 对新种群中染色体的基因进行变异操作。发生变异的基因数值有所改变，变异后的染色体取代原有染色体进入新群体，未发生变异的染色体直接进入新群体。

(8) 染色体修正

在进行染色体交配和变异操作后，为保证新染色体群体中各染色体均为长周期运行调度优化问题的有效解，即染色体位于决策变量 $\hat{X}$ 的可行域，若染色体不是长周期运行调度优化问题的有效解，则对不满足有效解定义的染色体片段进行修正，保证染色体为长周期运行调度优化问题的有效解。

（9）重新评价适应值，更新最优染色体

重新计算群体中各个染色体的适应值。倘若群体的最大适应值大于染色体 *Best* 的适应值，则以该最大适应值对应的染色体替代染色体 *Best*。

（10）终止条件

当前进化代数 *Generation* 加 1，如果 *Generation* 超过规定的最大进化代数，算法结束，否则返回，继续执行步骤（5）～步骤（9）。

3.4 本章小节

本章首先建立地埋管地源热泵系统数学模型、调峰系统数学模型，根据长周期内不同时段浅层地热能与其他调峰能源的特性，提出源侧运行调度优化方法，对复合式地源热泵系统的运行调度策略进行灵活调整，以实现能源供应的合理分配。

（1）研究分析现有冷水机组模型：DOE-2 模型、改进的 DOE-2 模型、Gordon-Ng 模型、Biquadratic Braun 模型。其中，DOE-2 模型及改进的 DOE-2 模型系数较多，拟合回归较复杂，模型最高次幂为 4，参数调整较困难；Gordon-Ng 模型属于机理模型，但并不适用部分负荷工况。根据源侧参数、用户侧参数、负荷率对热泵机组性能的影响，构建地源热泵数学模型。

（2）利用数值梯度下降算法构建浅层土壤源特定取热量进出口水温响应模型，并通过不动点迭代技术，求解浅层土壤源侧与地源热泵机组之间耦合数学模型，进而构建长周期地埋管地源热泵系统数学模型，确定地源热泵系统运行功率。

（3）基于开环近似最优控制方法，建立调峰供冷系统冷却塔数学模型；综合考虑冷却塔水雾喷嘴的最低压力要求，建立冷却水循环水泵量调节数学模型；建立调峰系统热水锅炉二次模型，以确定锅炉效率；进而构建长周期调峰系统数学模型，确定调峰系统运行电功率、冷却塔水耗、锅炉燃气消耗等。

（4）为实现确保地源热泵系统地源侧取冷取热平衡的条件下，尽可能降低复合式地源热泵系统的运行能耗，建立复合式地源热泵系统长周期源侧运行调度优化目标函数；求解运行调度优化决策变量可行域，利用二进制编码、Boltzmann 选择、自适应交叉和变异的遗传算法求解长周期源侧运行调度优化问题。

本章建立并求解复合式地源热泵系统长周期源侧运行调度优化，为根据长周期内不同时段浅层地热能与其他调峰能源的特性，合理分配调节能源供应提供了支持。

第 4 章 复合式地源热泵系统短周期控制策略优化方法

对于复合式地源热泵系统，良好的运行策略可以显著提高系统的性能和经济性。如果制定的运行策略不当，可能会导致系统运行效果受到影响，甚至缩短其使用寿命。优化短周期控制策略的主要目标是确保复合式地源热泵系统在满足负荷需求的同时，实现能源的高效利用和设备的经济运行；通过避免设备在极限工况下运行来减少磨损和故障，延长设备使用寿命；确保系统在各种工况下都能稳定运行，从而提高其可靠性和稳定性；实现设备的经济运行，进而减少系统的总体运行成本。本章提出的复合式地源热泵系统的短周期控制策略优化方法，根据系统的实际情况和负荷需求，通过优化控制策略，确保复合式热泵系统高效、稳定运行。

4.1 复合式地源热泵系统短周期机组启停优化方法

浅层土壤源的土壤温度场变化会影响地源热泵系统的制冷能力或制热能力。倘若地源热泵系统遇到连续多日低温（或高温）的极端气候条件或浅层土壤源地埋管群换热器设计换热能力不足，随着系统运行浅层土壤源的土壤温度过低（或过高），将限制地源热泵系统制热能力（或制冷能力）。当地源热泵机组和调峰系统机组并联运行时，由于调峰系统机组与并联的各个地源热泵机组运行流量接近，且受调峰系统（调峰冷水机组、调峰热水锅炉）出水温度的限制，复合式地源热泵系统应对负荷波动能力不足，无法满足建筑物的部分时刻负荷需要，使得室内温度无法到达设定值范围，建筑室内不舒适。评估任意工况下复合式地源热泵系统最大可能运行负荷，在日负荷高峰段通过建筑负荷迁移降低负荷波动，确保复合式地源热泵系统能够满足建筑物的负荷需要，提高系统可靠性。

4.1.1 浅层土壤源的历史运行数据简化方法

基于地埋管换热器传热的时空衰减特性，通过将以日为时间间隔的地源侧各地埋管群分区阶梯热流简化为以月、周、日为时间间隔的地源侧各地埋管群分区阶梯热流。地源侧历史运行数据简化，可以减少数据的数量和复杂性，降低计算资源占用和计算时间的消耗。同时，简化数据仍然保留了浅层土壤源侧各地埋管群分区阶梯热流关键信息，例如，月级、周级数据可以揭示浅层土壤源长期趋势和季节性变化，日级数据可以展示工作日和周末节假日间的差异。

浅层土壤源侧历史运行数据包括地源侧各分区运行流量序列 $\tilde{G}_g$、地源侧进水温度序列 $\tilde{T}_{g,in}$、地源侧各分区出水温度序列 $\tilde{T}_{g,out}$，序列通过矩阵形式表达，表达式如式（4-1）所示：

$$\widetilde{G}_g = [\widetilde{G}_{g,1} \quad \widetilde{G}_{g,2} \quad \widetilde{G}_{g,i} \quad \widetilde{G}_{g,n_g}], i \in [1, n_g],$$

其中 $\widetilde{G}_{g,i} = [\widetilde{G}_{g,i}^{\widetilde{k}}], \widetilde{k} \in [1, n_h]$

$$\widetilde{T}_{g,in} = [\widetilde{T}_{g,in}^{\widetilde{k}}], \widetilde{k} \in [1, n_h] \tag{4-1}$$

$$\widetilde{T}_{g,out} = [\widetilde{T}_{g,out,1} \quad \widetilde{T}_{g,out,2} \quad \widetilde{T}_{g,out,i} \quad \widetilde{T}_{g,out,n_g}], i \in [1, n_g],$$

其中 $\widetilde{T}_{g,out,i} = [\widetilde{T}_{g,out,i}^{\widetilde{k}}], \widetilde{k} \in [1, n_h]$

式中 $\widetilde{G}_g$ ——地热源侧各分区运行流量序列（m³/h）；

n_g ——浅层地热源地埋管换热器群分区数量；

$\widetilde{G}_{g,i}$ ——第 i 个地埋管群分区运行流量序列（m³/h）；

$\widetilde{G}_{g,i}^{\widetilde{k}}$ ——第 i 个地埋管群分区第 $\widetilde{k}$ 个时间间隔内运行流量（m³/h）；

n_h ——浅层地热源侧历史运行数据数目；

$\widetilde{T}_{g,in}$ ——地热源侧进水温度序列（℃）；

$\widetilde{T}_{g,in}^{\widetilde{k}}$ ——第 $\widetilde{k}$ 个时间间隔内地热源侧进水温度（℃）；

$\widetilde{T}_{g,out}$ ——地热源侧各分区出水温度序列（℃）；

$\widetilde{T}_{g,out,i}$ ——第 i 个地埋管群分区出水温度序列（℃）；

$\widetilde{T}_{g,out,i}^{\widetilde{k}}$ ——第 i 个地埋管群分区第 $\widetilde{k}$ 个时间间隔内地热源侧出水温度（℃）。

将以日为时间间隔的地热源侧各分区阶梯热流转换为依次以月、周、日为时间间隔的地热源侧各分区阶梯热流，以月、周、日分别作为时间间隔的阶梯数计算公式如式（4-2）所示：

$$n_{h,m} = \left[\frac{n_h - n_{h,d} - 7n_{h,w}}{30}\right]$$

$$n_{h,w} = \begin{cases} \left[\dfrac{n_h - n_{h,d}}{7}\right] & n_h - n_{h,d} \leqslant 7n_{h,w,des} \\ n_{h,w,des} & n_h - n_{h,d} > 7n_{h,w,des} \end{cases} \tag{4-2}$$

$$n_{h,d} = \begin{cases} n_h & n_h \leqslant n_{h,d,des} \\ n_{h,d,des} & n_h > n_{h,d,des} \end{cases}$$

式中 $n_{h,m}$ ——月时间间隔的阶梯热流数；

n_h ——地热源侧历史运行数据数目；

$n_{h,d}$ ——日时间间隔的阶梯热流数；

$n_{h,w}$ ——周时间间隔的阶梯热流数；

$n_{h,w,des}$ ——周时间间隔的设计阶梯热流数；

$n_{h,d,des}$ ——日时间间隔的设计阶梯热流数。

确定以月、周、日为时间间隔的地热源侧各分区平均运行流量序列 $\overline{G}_g$、地热源侧平均进水温度序列 $\overline{T}_{g,in}$、地热源侧各分区平均出水温度序列 $\overline{T}_{g,out}$、时间间隔序列 $\overline{t}_g$，表达式如式（4-3）所示：

$$\begin{aligned}
&\bar{G}_g = [\bar{G}_{g,1}\ \ \bar{G}_{g,2}\ \ \bar{G}_{g,i}\ \ \bar{G}_{g,n_g}], i \in [1, n_g],\\
&\text{其中}\ \bar{G}_{g,i} = [\bar{G}_{g,i}^{\bar{k}}], \bar{k} \in [1, n_{h,m} + n_{h,w} + n_{h,d}]\\
&\bar{T}_{g,\text{in}} = [\bar{T}_{g,\text{in}}^{\bar{k}}], \bar{k} \in [1, n_{h,m} + n_{h,w} + n_{h,d}]\\
&\bar{T}_{g,\text{out}} = [\bar{T}_{g,\text{out},1}\ \ \bar{T}_{g,\text{out},2}\ \ \bar{T}_{g,\text{out},i}\ \ \bar{T}_{g,\text{out},n_g}], i \in [1, n_g],\\
&\text{其中}\ \bar{T}_{g,\text{out},i} = [\bar{T}_{g,\text{out},i}^{\bar{k}}], \bar{k} \in [1, n_{h,m} + n_{h,w} + n_{h,d}]\\
&\bar{t}_g = [t_g^{\bar{k}}], \bar{k} \in [1, n_{h,m} + n_{h,w} + n_{h,d}]
\end{aligned} \quad (4\text{-}3)$$

$\bar{G}_g^k$、$\bar{T}_{g,\text{in}}^k$、$\bar{T}_{g,\text{out}}^k$、$\bar{t}_g^k$ 计算公式如式（4-4）所示：

$$\begin{aligned}
&\bar{k} \in [1, n_{h,m}], n_{h,m} \geqslant 1\\
&\tilde{k}_{\text{up}} = \min(30\bar{k}, n_h - n_{h,d} - 7n_{h,w})\\
&\tilde{k}_{\text{low}} = 30(\bar{k} - 1) + 1\\
&\bar{G}_{g,i}^{\bar{k}} = \sum_{\tilde{k}_{\text{low}}}^{\tilde{k}_{\text{up}}} \tilde{G}_{g,i}^{\tilde{k}} / (\tilde{k}_{\text{up}} - \tilde{k}_{\text{low}} + 1)\\
&\bar{T}_{g,\text{in}}^{\bar{k}} = \sum_{\tilde{k}_{\text{low}}}^{\tilde{k}_{\text{up}}} \tilde{T}_{g,\text{in}}^{\tilde{k}} / (\tilde{k}_{\text{up}} - \tilde{k}_{\text{low}} + 1)\\
&\bar{T}_{g,\text{out},i}^{\bar{k}} = \left(\sum_{\tilde{k}_{\text{low}}}^{\tilde{k}_{\text{up}}} \tilde{G}_{g,i}^{\tilde{k}} (\tilde{T}_{g,\text{out},i}^{\tilde{k}} - \tilde{T}_{g,\text{in}}^{\tilde{k}})\right) / (\tilde{k}_{\text{up}} - \tilde{k}_{\text{low}} + 1) \bar{G}_{g,i}^{\bar{k}} + \bar{T}_{g,\text{in}}^{\bar{k}}\\
&\bar{t}_g^{\bar{k}} = (\tilde{k}_{\text{up}} - \tilde{k}_{\text{low}} + 1) t_d
\end{aligned} \quad (4\text{-}4)$$

$$\begin{aligned}
&\bar{k} \in [n_{h,m} + 1, n_{h,m} + n_{h,w}], n_{h,w} \geqslant 1\\
&\tilde{k}_{\text{up}} = \begin{cases} \min(7(\bar{k} - n_{h,m}), n_h - n_{h,d}) & n_h - n_{h,d} \leqslant 7n_{h,w,\text{des}}\\ (n_h - n_{h,d} - 7n_{h,w}) + 7(\bar{k} - n_{h,m}) & n_h - n_{h,d} > 7n_{h,w,\text{des}} \end{cases}\\
&\tilde{k}_{\text{low}} = \begin{cases} 7(\bar{k} - n_{h,m} - 1) + 1 & n_h - n_{h,d} \leqslant 7n_{h,w,\text{des}}\\ (n_h - n_{h,d} - 7n_{h,w}) + 7(\bar{k} - n_{h,m} - 1) + 1 & n_h - n_{h,d} > 7n_{h,w,\text{des}} \end{cases}\\
&\bar{G}_{g,i}^{\bar{k}} = \sum_{\tilde{k}_{\text{low}}}^{\tilde{k}_{\text{up}}} \tilde{G}_{g,i}^{\tilde{k}} / (\tilde{k}_{\text{up}} - \tilde{k}_{\text{low}} + 1)\\
&\bar{T}_{g,\text{in}}^{\bar{k}} = \sum_{\tilde{k}_{\text{low}}}^{\tilde{k}_{\text{up}}} \tilde{T}_{g,\text{in}}^{\tilde{k}} / (\tilde{k}_{\text{up}} - \tilde{k}_{\text{low}} + 1)\\
&\bar{T}_{g,\text{out},i}^{\bar{k}} = \sum_{\tilde{k}_{\text{low}}}^{\tilde{k}_{\text{up}}} \tilde{G}_{g,i}^{\tilde{k}} (\tilde{T}_{g,\text{out},i}^{\tilde{k}} - \tilde{T}_{g,\text{in}}^{\tilde{k}}) / (\tilde{k}_{\text{up}} - \tilde{k}_{\text{low}} + 1) \bar{G}_{g,i}^{\bar{k}} + \bar{T}_{g,\text{in}}^{\bar{k}}
\end{aligned} \quad (4\text{-}5)$$

$$\overline{t}_{\mathrm{g}}^{\overline{k}} = (\widetilde{k}_{\mathrm{up}} - \widetilde{k}_{\mathrm{low}} + 1)t_{\mathrm{d}}$$

$$\overline{k} \in [n_{\mathrm{h,m}} + n_{\mathrm{h,w}} + 1, n_{\mathrm{h,m}} + n_{\mathrm{h,w}} + n_{\mathrm{h,d}}], n_{\mathrm{d}} \geqslant 1$$

$$\widetilde{k} = (n_{\mathrm{h}} - n_{\mathrm{h,d}}) + (\overline{k} - n_{\mathrm{h,m}} - n_{\mathrm{h,w}}) + 1$$

$$\overline{G}_{\mathrm{g},i}^{\overline{k}} = \widetilde{G}_{\mathrm{g},i}^{\widetilde{k}} \qquad (4\text{-}6)$$

$$\overline{T}_{\mathrm{g,in}}^{\overline{k}} = \widetilde{T}_{\mathrm{g,in}}^{\widetilde{k}}$$

$$\overline{T}_{\mathrm{g,out},i}^{\overline{k}} = \widetilde{T}_{\mathrm{g,out},i}^{\widetilde{k}}$$

$$\overline{t}_{\mathrm{g}}^{\overline{k}} = t_{\mathrm{d}}$$

式中 $\overline{G}_{\mathrm{g}}$——地热源侧各分区平均运行流量序列（m³/h）；

$\overline{G}_{\mathrm{g},i}$——第 i 个地埋管群分区平均运行流量序列（m³/h）；

$\overline{G}_{\mathrm{g},i}^{\overline{k}}$——第 i 个地埋管群分区第 $\overline{k}$ 个时间间隔内平均运行流量（m³/h）；

$\overline{T}_{\mathrm{g,in}}$——地热源侧平均进水温度序列（℃）；

$\overline{T}_{\mathrm{g,in}}^{\overline{k}}$——第 $\overline{k}$ 个时间间隔内地热源侧平均进水温度（℃）；

$\overline{T}_{\mathrm{g,out}}$——地热源侧各分区平均出水温度序列（℃）；

$\overline{T}_{\mathrm{g,out},i}$——第 i 个地埋管群分区平均出水温度序列（℃）；

$\overline{T}_{\mathrm{g,out},i}^{\overline{k}}$——第 i 个地埋管群分区第 $\overline{k}$ 个时间间隔内地热源侧平均出水温度（℃）；

$\overline{t}_{\mathrm{g}}$——时间间隔序列（s）；

$\overline{t}_{\mathrm{g}}^{\overline{k}}$——第 $\overline{k}$ 个时间间隔（s）；

t_{d}——常量，86400s。

基于阶梯热流的时间间隔序列 $\overline{t}_{\mathrm{g}}$，生成构成阶梯热流各矩形热流的起止时间序列分别为开始时刻序列 $\overline{\tau}_{\mathrm{g},1}$、终止时刻序列 $\overline{\tau}_{\mathrm{g},2}$，表达式如式（4-7）所示：

$$\overline{\tau}_{\mathrm{g},1} = [\overline{\tau}_{\mathrm{g},1}^{\overline{k}}], \overline{k} \in [1, n_{\mathrm{h,m}} + n_{\mathrm{h,w}} + n_{\mathrm{h,d}}] \qquad (4\text{-}7)$$
$$\overline{\tau}_{\mathrm{g},2} = [\overline{\tau}_{\mathrm{g},2}^{\overline{k}}], \overline{k} \in [1, n_{\mathrm{h,m}} + n_{\mathrm{h,w}} + n_{\mathrm{h,d}}]$$

$\overline{\tau}_{\mathrm{g},1}$、$\overline{\tau}_{\mathrm{g},2}$ 计算公式如式（4-8）所示：

$$\overline{\tau}_{\mathrm{g},1}^{\overline{k}} = \begin{cases} \overline{t}_{\mathrm{g}}^{\overline{k}} = 0 & \overline{k} \notin [1, n_{\mathrm{h,m}} + n_{\mathrm{h,w}} + n_{\mathrm{h,d}}] \\ \sum_{i=\overline{k}}^{i=n_{\mathrm{h,m}}+n_{\mathrm{h,w}}+n_{\mathrm{h,d}}} \overline{t}_{\mathrm{g}}^{i} & \overline{k} \in [1, n_{\mathrm{h,m}} + n_{\mathrm{h,w}} + n_{\mathrm{h,d}}] \end{cases} \qquad (4\text{-}8)$$

$$\overline{\tau}_{\mathrm{g},2}^{\overline{k}} = \sum_{i=\overline{k}}^{i=n_{\mathrm{h,m}}+n_{\mathrm{h,w}}+n_{\mathrm{h,d}}} \overline{t}_{\mathrm{g}}^{i+1} \quad \overline{k} \in [1, n_{\mathrm{h,m}} + n_{\mathrm{h,w}} + n_{\mathrm{h,d}}]$$

式中 $\overline{\tau}_{\mathrm{g},1}$——构成阶梯热流各矩形热流的开始时刻序列，具体指各矩形热流的开始时刻距第 n_{h} 天结束时刻的时间长度，均为非负数（s）；

$\overline{\tau}_{\mathrm{g},1}^{\overline{k}}$——构成阶梯热流的第 $\overline{k}$ 个矩形热流的开始时刻，具体指各矩形热流的终止时

刻距第 n_h 天结束时刻的时间长度，均为非负数（s）；

$\bar{\tau}_{g,2}$——构成阶梯热流各矩形热流的终止时刻序列（s）；

$\bar{\tau}_{g,2}^{\bar{k}}$——构成阶梯热流的第 $\bar{k}$ 个矩形热流的终止时刻（s）。

构建以月、周、日为时间间隔的浅层地热源各钻孔平均运行流量矩阵 $\boldsymbol{G}_g$、各钻孔平均入口温度矩阵 $\boldsymbol{T}_{g,in}$、各钻孔出口温度矩阵 $\boldsymbol{T}_{g,out}$，表达式如式（4-9）所示：

$$n_{b,sim} = \sum_{i=1}^{i=n_g} n_{b,sim,i}$$

$$\boldsymbol{G}_g = [M_{g,j}^{\bar{k}}], \bar{k} \in [1, n_{h,m} + n_{h,w} + n_{h,d}], j \in [1, n_{b,sim}]$$

$$\boldsymbol{T}_{g,in} = [T_{g,in,j}^{\bar{k}}], \bar{k} \in [1, n_{h,m} + n_{h,w} + n_{h,d}], j \in [1, n_{b,sim}] \quad (4-9)$$

$$\boldsymbol{T}_{g,out} = [T_{g,out,j}^{\bar{k}}], \bar{k} \in [1, n_{h,m} + n_{h,w} + n_{h,d}], j \in [1, n_{b,sim}]$$

$\boldsymbol{G}_g$、$\boldsymbol{T}_{g,in}$、$\boldsymbol{T}_{g,out}$ 计算公式如式（4-10）所示：

$$\begin{aligned} G_{g,j}^{\bar{k}} &= \frac{\bar{G}_{g,i'}^{\bar{k}}}{n_{b,i'}} \\ T_{g,in,j}^{\bar{k}} &= T_{g,in,i'}^{\bar{k}} \quad i' = i, if\left(j \in \left[\sum_{p=1}^{p=i-1} n_{b,sim,p} + 1, \sum_{p=1}^{p=i} n_{b,sim,p}\right]\right) \\ T_{g,out,j}^{\bar{k}} &= T_{g,out,i'}^{\bar{k}} \end{aligned} \quad (4-10)$$

式中 $G_{g,j}^{\bar{k}}$——第 j 个地埋管钻孔第 $\bar{k}$ 个时间间隔内平均运行流量（m³/h）；

$T_{g,in,j}^{\bar{k}}$——第 j 个地埋管钻孔第 $\bar{k}$ 个时间间隔内平均入口温度（℃）；

$T_{g,out,j}^{\bar{k}}$——第 j 个地埋管钻孔第 $\bar{k}$ 个时间间隔内平均出口温度（℃）；

$n_{b,i}$——第 i 个地埋管群分区钻孔数目；

$n_{b,sim,i}$——第 i 个地埋管群分区简化钻孔数目。

$i' = i, if\left(j \in \left[\sum_{p=1}^{p=i-1} n_{b,sim,p} + 1, \sum_{p=1}^{p=i} n_{b,sim,p}\right]\right)$ 用于计算第 j 根钻孔所属于的浅层地热源分区的编号。示例：浅层地热源有 3 个分区，3 个浅层地热源分区简化钻孔数目均为 49，即 $n_{b,sim,i} = 49$，若钻孔编号为 52，则可推出该钻孔属于第 2 个浅层地热源分区，即 $i' = 2$。

4.1.2 复合式地源热泵系统最大制冷量（制热量）

1. 评估浅层土壤源蓄热型换热器的最大换热量

以月、周、日为时间间隔的历史浅层地热源阶梯热流引起的浅层地热源各钻孔壁面处的过余温度 $\boldsymbol{S}_{state} = [S_{state,i}]$，$i \in [1, n_{b,sim}]$，简称为浅层土壤源温度状态，计算公式如式（4-11）所示：

$$S_{state,i} = \zeta \sum_{j=1}^{n_{b,sim}} \sum_{\bar{k}=1}^{n_{h,m}+n_{h,w}+n_{h,d}} \frac{\rho_w}{3600} G_{g,j}^{\bar{k}} (T_{g,in,j}^{\bar{k}} - T_{g,out,j}^{\bar{k}}) G_{i,j} (\bar{\tau}_{g,1}^{\bar{k}} + \Delta\tau, \bar{\tau}_{g,2}^{\bar{k}} + \Delta\tau)$$

(4-11)

式中　　$S_{\text{state},i}$——浅层土壤源第 i 个钻孔的钻孔壁面处的过余温度，过余温度是指土壤温度与浅层地热源初始地温的差值（℃）；

$G_{i,j}(\overline{\tau}_{\text{g},1}^{\overline{k}}+\Delta\tau, \overline{\tau}_{\text{g},2}^{\overline{k}}+\Delta\tau)$——在距当前时间间隔（$[\overline{\tau}_{\text{g},1}^{\overline{k}}+\Delta\tau, \overline{\tau}_{\text{g},2}^{\overline{k}}+\Delta\tau]$）内，第 j 根钻孔地埋管换热器在单位矩形脉冲热流作用下，第 i 根钻孔外壁面处的无量纲温度响应；

$\Delta\tau$——短周期控制间隔（s）；

ζ——表征岩土介质传热性能的特征变量；

ρ_{w}——循环水密度（kg/m³）。

复合式地源热泵系统在一天内不会发生由制冷模式切换至制热模式或由制热模式切换至制冷模式的情况。若短周期各时刻运行模式累和 $\sum R_{\text{m}}^{k}>0$，则当天复合式地源热泵系统为制热模式 $R_{\text{m}}'=1.0$；若短周期各时刻运行模式累和 $\sum R_{\text{m}}^{k}<0$，则当天复合式地源热泵系统为制冷模式 $R_{\text{m}}'=-1.0$。根据浅层土壤源地埋管群水力数学模型，基于长周期源侧运行调度优化所确定的短周期浅层土壤源侧各地埋管群分区运行变量 $\boldsymbol{R}_{\text{g}}$ 和调峰系统运行变量 r_{peak}，确定短周期各时刻浅层土壤源循环泵组的运行状态（运行流量 G_{g}^{k}、运行扬程 h_{g}^{k}、运行功率 $P_{\text{pump,g}}^{k}$）。

为评估浅层土壤源蓄热型换热器的最大换热量，若复合式地源热泵系统制热，取地热源侧最大取热量下地热源侧入口温度为冬季浅层土壤源进口水温最小值，即 $T_{\text{g,in}}'=T_{\text{g,in,min,winter}}$；若复合式地源热泵系统制冷，取地热源侧最大取冷量下地热源侧入口温度为夏季浅层土壤源进口水温最大值，即 $T_{\text{g,in}}'=T_{\text{g,in,max,summer}}$。进而根据地埋管钻孔群三维非稳态传热离散传递矩阵模型，确定浅层土壤源侧出水温度 $T_{\text{g,out}}'$ 和最大换热量 Q_{g}'。

2. 复合式地源热泵系统最大制冷量（制热量）

基于排列组合算法，根据复合式地源热泵系统地源热泵机组数目 n_{gshp} 和调峰系统运行变量 r_{peak}，生成复合式地源热泵系统所有可能运行方案 $\widetilde{\boldsymbol{C}}_{\text{s}}$，表达式如式（4-12）所示：

$$\widetilde{\boldsymbol{C}}_{\text{s}}=[\widetilde{\boldsymbol{C}}_{\text{s},i}]$$
$$\widetilde{\boldsymbol{C}}_{\text{s},i}=[\widetilde{r}_{\text{gshp},i} \quad \widetilde{r}_{\text{peak},i}] \qquad i\in[1,\widetilde{n}_{\text{cs}}] \tag{4-12}$$
$$\widetilde{n}_{\text{cs}}=(n_{\text{gshp}}+1)\cdot(r_{\text{peak}}+1)-1$$

式中　　$\widetilde{\boldsymbol{C}}_{\text{s}}$——复合式地源热泵系统所有可能运行方案；

$\widetilde{\boldsymbol{C}}_{\text{s},i}$——复合式地源热泵系统第 i 个可能运行方案；

$\widetilde{r}_{\text{gshp},i}$——复合式地源热泵系统第 i 个可能运行方案 $\widetilde{\boldsymbol{C}}_{\text{s},i}$ 中地源热泵系统地源热泵机组运行台数，$\widetilde{r}_{\text{gshp},i}\in[0, n_{\text{gshp}}]$；

$\widetilde{r}_{\text{peak},i}$——复合式地源热泵系统第 i 个可能运行方案 $\widetilde{\boldsymbol{C}}_{\text{s},i}$ 中调峰系统冷水机组运行台数，$\widetilde{r}_{\text{peak},i}\in[0, r_{\text{peak}}]$；

r_{peak}——调峰系统运行变量；

$\widetilde{n}_{\text{cs}}$——复合式地源热泵系统所有可能运行方案数目。

注：地源热泵系统地源热泵机组运行台数与调峰系统冷水机组同时运行台数为 0 的情况，意味着复合式地源热泵系统不运行，故不属于可能运行方案，即 $[\widetilde{r}_{\text{gshp},i}=0 \quad \widetilde{r}_{\text{peak},i}=0]\notin\widetilde{\boldsymbol{C}}_{\text{s}}$。

确定各个可能运行方案 $\tilde{C}_{s,i}$ 的最大运行负荷 $\tilde{Q}_{\max,i}$，并基于快速排序算法寻找复合式地源热泵系统最大运行负荷 $\tilde{Q}_{\max,\text{best}}$ 及其对应运行方案 $\tilde{C}_{s,\text{best}}$。

（1）首先确定各可能运行方案 $\tilde{C}_{s,i}$ 的最大运行负荷 $\tilde{Q}_{\max,i}$，计算公式如式（4-13）～式（4-15）所示：

1) 如果 $\tilde{r}_{\text{gshp},i}=0$ 且 $\tilde{r}_{\text{peak},i}=1$，仅调峰机组运行：

$$\begin{aligned}
&\tilde{Q}_{\max,\text{gshp},i}=0 \\
&\tilde{Q}_{\max,\text{peak},i}=Q_{\text{peak,rated,cooling}} \quad R'_{\text{m}}=-1.0 \\
&\tilde{Q}_{\max,i}=Q_{\text{peak,rated,cooling}} \\
&\tilde{Q}_{\max,\text{gshp},i}=0 \\
&\tilde{Q}_{\max,\text{peak},i}=Q_{\text{peak,rated,heating}} \quad R'_{\text{m}}=1.0 \\
&\tilde{Q}_{\max,i}=Q_{\text{peak,rated,heating}}
\end{aligned} \quad (4\text{-}13)$$

2) 如果 $1\leqslant \tilde{r}_{\text{gshp},i}\leqslant n_{\text{gshp}}$ 且 $\tilde{r}_{\text{peak},i}=0$，仅地源热泵机组运行：

$$\begin{aligned}
&T_{\text{source},i}=T'_{g,\text{in}} \\
&T_{\text{load},i}=T_{\text{chws,des}} \\
&\tilde{Q}_{\max,\text{gshp},i}=\tilde{Q}_{\text{gshp}}(\tilde{r}_{\text{gshp},i},R'_{\text{m}},Q'_{\text{g}},T_{\text{source},i},T_{\text{load},i}) \quad R'_{\text{m}}=-1.0 \\
&\tilde{Q}_{\max,\text{peak},i}=0 \\
&\tilde{Q}_{\max,i}=\tilde{Q}_{\max,\text{gshp},i} \\
&T_{\text{source},i}=T'_{g,\text{in}} \\
&T_{\text{load},i}=T_{\text{hws,des}} \\
&\tilde{Q}_{\max,\text{gshp},i}=\tilde{Q}_{\text{gshp}}(\tilde{r}_{\text{gshp},i},R'_{\text{m}},Q'_{\text{g}},T_{\text{source},i},T_{\text{load},i}) \quad R'_{\text{m}}=1.0 \\
&\tilde{Q}_{\max,\text{peak},i}=0 \\
&\tilde{Q}_{\max,i}=\tilde{Q}_{\max,\text{gshp},i}
\end{aligned} \quad (4\text{-}14)$$

3) 如果 $1\leqslant \tilde{r}_{\text{gshp},i}\leqslant n_{\text{gshp}}$ 且 $\tilde{r}_{\text{peak},i}=1$，地源热泵机组与调峰机组均运行：

$$\begin{aligned}
&T_{\text{source},i}=T'_{g,\text{in}} \\
&T_{\text{load},i}=T_{\text{chws,des}} \\
&\tilde{Q}_{\max,\text{gshp},i}=\tilde{Q}_{\text{gshp}}(\tilde{r}_{\text{gshp},i},R'_{\text{m}},Q'_{\text{g}},T_{\text{source},i},T_{\text{load},i}) \\
&\tilde{Q}_{\max,\text{peak},i}=\max\left(\frac{\tilde{Q}_{\max,\text{gshp},i}(T_{\text{chws,des}}-T_{\text{chws,peak,min}})}{\tilde{r}_{\text{gshp},i}(T_{\text{chwr,des}}-T_{\text{chws,des}})},Q_{\text{peak,rated,cooling}}\right) \quad R'_{\text{m}}=-1.0 \\
&\tilde{Q}_{\max,i}=\tilde{Q}_{\max,\text{gshp},i}+\tilde{Q}_{\max,\text{peak},i} \\
&T_{\text{source},i}=T'_{g,\text{in}} \\
&T_{\text{load},i}=T_{\text{hws,des}} \\
&\tilde{Q}_{\max,\text{gshp},i}=\tilde{Q}_{\text{gshp}}(\tilde{r}_{\text{gshp},i},R'_{\text{m}},Q'_{\text{g}},T_{\text{source},i},T_{\text{load},i}) \quad R'_{\text{m}}=1.0 \\
&\tilde{Q}_{\max,\text{peak},i}=\min\left(\frac{\tilde{Q}_{\max,\text{gshp},i}(T_{\text{hws,peak,max}}-T_{\text{hwr,des}})}{\tilde{r}_{\text{gshp},i}(T_{\text{hws,des}}-T_{\text{hwr,des}})},Q_{\text{peak,rated,heating}}\right) \\
&\tilde{Q}_{\max,i}=\tilde{Q}_{\max,\text{gshp},i}+\tilde{Q}_{\max,\text{peak},i}
\end{aligned} \quad (4\text{-}15)$$

式中 $\tilde{Q}_{\max,\text{gshp},i}$——第 i 个可能运行方案 $\tilde{C}_{s,i}$ 所对应的地源热泵系统最大运行负荷（kW）；

$\tilde{Q}_{\max,\text{peak},i}$——第 i 个可能运行方案 $\tilde{C}_{\text{s},i}$ 所对应的调峰系统最大运行负荷（kW）；

$\tilde{Q}_{\max,i}$——第 i 个可能运行方案 $\tilde{C}_{\text{s},i}$ 所对应的最大运行负荷（kW）；

$\tilde{r}_{\text{gshp},i}$——复合式地源热泵系统第 i 个可能运行方案 $\tilde{C}_{\text{s},i}$ 中地源热泵系统地源热泵机组运行台数，$\tilde{r}_{\text{gshp},i} \in [0, n_{\text{gshp}}]$；

$T_{\text{source},i}$——复合式地源热泵系统第 i 个可能运行方案 $\tilde{C}_{\text{s},i}$ 中地源热泵系统地源热泵机组源侧温度（℃）；

$T_{\text{load},i}$——复合式地源热泵系统第 i 个可能运行方案 $\tilde{C}_{\text{s},i}$ 中地源热泵系统地源热泵机组用户侧温度（℃）；

$\tilde{Q}_{\text{gshp}}(x)$——此函数为地源热泵系统最大运行负荷计算模型，此处 x 指的是函数输入变量，输入变量包括：地源热泵机组运行数目 $\tilde{r}_{\text{gshp},i}$、运行模式 R'_{m}、当前状态地源侧最大取热量 Q'_{g}、地源热泵机组源侧温度 $T_{\text{source},i}$、地源热泵机组用户侧温度 $T_{\text{load},i}$；

$Q_{\text{peak,rated,cooling}}$——调峰供冷系统冷水机组额定制冷量（kW）；

$Q_{\text{peak,rated,heating}}$——调峰供暖系统锅炉（电锅炉或燃气锅炉）额定制热量（kW）；

$T_{\text{chws,des}}$——用户侧供冷季冷水设计出水温度（℃）；

$T_{\text{chwr,des}}$——用户侧供冷季冷水设计回水温度（℃）；

$T_{\text{chws,peak,min}}$——调峰供冷系统冷水机组冷冻水最低出水温度（℃）；

$T_{\text{hws,peak,max}}$——调峰供暖系统锅炉（电锅炉或燃气锅炉）热水最高出水温度（℃）；

$T_{\text{hws,des}}$——用户侧供暖季热水设计出水温度（℃）；

$T_{\text{hwr,des}}$——用户侧供暖季热水设计回水温度（℃）；

$T'_{\text{g,in}}$——浅层地热源侧最大取热量下进口水温（℃）；

R'_{m}——当天复合式地源热泵系统运行模式，$R'_{\text{m}} = -1$：表示复合式地源热泵系统制冷，$R'_{\text{m}} = 0$：表示复合式地源热泵系统不运行，$R'_{\text{m}} = 1$：表示复合式地源热泵系统制热。

（2）基于快速排序算法寻找复合式地源热泵系统最大运行负荷 $\tilde{Q}_{\max,\text{best}}$ 及其对应运行方案 $\tilde{C}_{\text{s,best}}$。

4.1.3 复合式地源热泵系统保障性负荷迁移

根据运行模式序列 $\bm{R}_{\text{m}} = [R^k_{\text{m}}]$、设计冷负荷 $Q_{\text{cooling,des}}$、设计热负荷 $Q_{\text{heating,des}}$，对短周期预测负荷序列 $\bm{Q}_{\text{fore}} = [Q^k_{\text{fore}}]$ 进行限幅与置零。若运行模式 $R^k_{\text{m}} = 0$，即复合式地源热泵系统不运行，则令其预测负荷 $Q^k_{\text{fore}} = 0$，表达式如式（4-16）所示：

$$\begin{array}{ll} Q^k_{\text{fore}} = \max(Q^k_{\text{fore}}, Q_{\text{cooling,des}}) & R^k_{\text{m}} = -1 \\ Q^k_{\text{fore}} = 0 & R^k_{\text{m}} = 0 \\ Q^k_{\text{fore}} = \min(Q^k_{\text{fore}}, Q_{\text{heating,des}}) & R^k_{\text{m}} = 1 \end{array} \quad (4\text{-}16)$$

式中 $Q_{\text{cooling,des}}$——复合式地源热泵系统设计冷负荷（kW）；

$Q_{\text{heating,des}}$——复合式地源热泵系统设计热负荷（kW）；

Q_{fore}——短周期预测负荷序列，$Q_{\text{fore}}=[Q_{\text{fore}}^k]$，$k\in[1,24]$，短周期指的是 24h，控制间隔为 1h，共计 24 个控制间隔；

Q_{fore}^k——第 k 个小时的预测负荷值（冷负荷均为负值，热负荷均为正值）（kW）；

$\boldsymbol{R}_{\text{m}}$——运行模式序列，$\boldsymbol{R}_{\text{m}}=[R_{\text{m}}^k]$，$k\in[1,24]$；

R_{m}^k——第 k 个小时的运行模式，$R_{\text{m}}^k=-1$：表示复合式地源热泵系统制冷，$R_{\text{m}}^k=0$：表示复合式地源热泵系统不运行，$R_{\text{m}}^k=1$：表示复合式地源热泵系统制热。

地源热泵系统性能随着供冷季或供暖季的运行会发生供冷性能或供暖性能逐步衰减的情况，倘若复合式地源热泵系统设计不合理，会出现复合式地源系统逐时最大运行负荷小于用户供冷或供暖实际负荷需要，为尽可能保障建筑末端热舒适，同时维持短周期运行仿真与真实物理系统的一致性，提出保障性负荷迁移算法，将时刻复合式地源热泵系统无法承担的逐时负荷迁移至前面或后面的一个（或几个）时刻。

对短周期预测负荷序列 $\boldsymbol{Q}_{\text{fore}}$、复合式地源热泵系统最大运行负荷 $\tilde{Q}_{\text{max,best}}$ 取绝对值，分别记录为短周期预测负荷绝对值序列 $\boldsymbol{Q}_{\text{fore,abs}}$、复合式地源热泵系统最大运行负荷绝对值 $\tilde{Q}_{\text{max,abs,best}}$，表达式如式（4-17）所示：

$$\begin{aligned}\boldsymbol{Q}_{\text{fore}}&=[Q_{\text{fore},i}],i\in[1,24]\\ \boldsymbol{Q}_{\text{fore,abs}}&=[Q_{\text{fore,abs},i}],i\in[1,24]\\ Q_{\text{fore,abs},i}&=|Q_{\text{fore},i}|\\ \tilde{Q}_{\text{max,abs,best}}&=|\tilde{Q}_{\text{max,best}}|\end{aligned} \quad (4\text{-}17)$$

式中 $\boldsymbol{Q}_{\text{fore,abs}}$——短周期预测负荷绝对值序列（kW）；

$Q_{\text{fore},i}$——第 i 个时刻短周期预测负荷（kW）；

$Q_{\text{fore,abs},i}$——第 i 个时刻短周期预测负荷绝对值（kW）；

$\tilde{Q}_{\text{max,abs,best}}$——复合式地源热泵系统最大运行负荷绝对值（kW）。

将预测负荷绝对值序列 $\boldsymbol{Q}_{\text{fore,abs}}$ 与复合式地源热泵系统最大运行负荷绝对值 $\tilde{Q}_{\text{max,abs,best}}$ 做差，确定"过载"（"欠载"）负荷序列 $\boldsymbol{Q}_{\text{overload}}$，计算公式如式（4-18）所示：

$$\begin{aligned}\boldsymbol{Q}_{\text{overload}}&=[Q_{\text{overload},i}]\\ \boldsymbol{Q}_{\text{overload}}&=\tilde{Q}_{\text{max,abs,best}}-\boldsymbol{Q}_{\text{fore,abs}}\\ Q_{\text{overload},i}&=\tilde{Q}_{\text{max,abs,best}}-Q_{\text{fore,abs},i}\end{aligned} \quad (4\text{-}18)$$

通过合理调度和分配负荷，在高峰时段将部分负荷转移到低峰时段，或将一部分负荷从一个区域转移到另一个区域，从而减轻复合式地源热泵系统压力，提高系统可靠性，确保系统的稳定运行。复合式地源热泵系统保障性负荷迁移流程如下：

(1) 初始化：构建负荷迁移序列 $\boldsymbol{Q}_{\text{migrate}}=\boldsymbol{Q}_{\text{overload}}$。

(2) 遍历数组：作为外层循环依次遍历负荷迁移序列 $\boldsymbol{Q}_{\text{migrate}}$ 中每一个元素 $Q_{\text{migrate},i}$。

(3) 判断准则：

判断当前元素 $Q_{\text{migrate},i}$：如果 $Q_{\text{migrate},i}>0$，则进入下一步，否则返回步骤 2，遍历下一个元素 $Q_{\text{migrate},j}$。

(4) 寻找相邻"欠载"元素：

使用内层循环遍历与当前元素 $Q_{\text{migrate},i}$ 相邻的所有元素。这里的"相邻"是基于两个参数 n_{front} 和 n_{behind} 来确定的，即 $Q_{\text{migrate},j} \in [Q_{\text{migrate},i-n_{\text{front}}}, Q_{\text{migrate},i+n_{\text{behind}}}]$ 区间。其中 n_{front} 指前方相邻区域范围，n_{behind} 指后方相邻区域范围。

如果找到一个元素 $Q_{\text{migrate},j}$，其值 $Q_{\text{migrate},j} < 0$，则进入下一步，执行步骤 5。

(5) 负荷迁移：

如果 $Q_{\text{migrate},j} + Q_{\text{migrate},i} \leqslant 0.0$，则令 $Q_{\text{migrate},j} = Q_{\text{migrate},j} + Q_{\text{migrate},i}$，同时也将 $Q_{\text{migrate},i}$ 置为 0，即 $Q_{\text{migrate},i} = 0.0$，调出内层循环返回外层循环即步骤 2；

如果 $Q_{\text{migrate},j} + Q_{\text{migrate},i} > 0.0$，则令 $Q_{\text{migrate},j} = 0.0$，$Q_{\text{migrate},i} = Q_{\text{migrate},j} + Q_{\text{migrate},i}$，继续执行内循环返回步骤 4。

(6) 更新 $\boldsymbol{Q}_{\text{migrate}}$，输出负荷迁移序列 $\boldsymbol{Q}_{\text{migrate}}$，表达式如式（4-19）所示：

$$\begin{aligned} \boldsymbol{Q}_{\text{migrate}} &= -1 \cdot (\boldsymbol{Q}_{\text{migrate}} + \tilde{Q}_{\text{max,abs,best}}) \quad & R'_{\text{m}} &= -1 \\ \boldsymbol{Q}_{\text{migrate}} &= \boldsymbol{Q}_{\text{migrate}} + \tilde{Q}_{\text{max,abs,best}} & R'_{\text{m}} &= 1 \end{aligned} \quad (4\text{-}19)$$

4.1.4 复合式地源热泵系统机组启停优化

通过递归和回溯技术的利用，实现对所有负荷非零时刻的可行运行方案 $\hat{\boldsymbol{C}}_{\text{s}}$ 排列组合，具体操作如下所示：

（1）初始化并调用运行方案组合方法：初始化短周期运行方案列表，即构造一个空的短周期运行方案列表 $\bar{\boldsymbol{C}}_{\text{us}}$；初始化负荷非零时刻索引 $n_{\text{index}} = 0$；调用运行方案组合方法，将各负荷非零时刻的可行运行方案 $\hat{\boldsymbol{C}}_{\text{s}}$、空的短周期运行方案 c_{us}、负荷非零时刻索引 n_{index} 以及短周期运行方案列表 $\bar{\boldsymbol{C}}_{\text{us}}$ 作为参数传入。

（2）运行方案组合方法中，首先判断当前遍历的负荷非零时刻索引 n_{index} 是否等于各负荷非零时刻的可行运行方案 $\hat{\boldsymbol{C}}_{\text{s}}$ 的尺寸 n_{nozero}，即 n_{index} 与 n_{nozero} 的关系。

若 $n_{\text{index}} = n_{\text{nozero}}$，即当前负荷非零时刻索引 n_{index} 等于各负荷非零时刻的可行运行方案 $\hat{\boldsymbol{C}}_{\text{s}}$ 的尺寸 n_{nozero}，说明运行方案组合方法已根据各负荷非零时刻的可行运行方案 $\hat{\boldsymbol{C}}_{\text{s}}$ 构造出若干短周期运行方案 c_{us}，将满足约束要求［即短周期运行方案加减机次数小于等于最大允许加减机次数，$g(\bar{C}_{\text{us},i}) \leqslant \varepsilon_{\text{as,max}}$］的方案添加到短周期运行方案列表 $\bar{\boldsymbol{C}}_{\text{us}}$ 中。

短周期运行方案加减机次数 $g(\bar{C}_{\text{us},i})$ 计算公式如式（4-20）所示：

$$\bar{\boldsymbol{C}}_{\text{us}} = [\bar{C}_{\text{us},i}]$$

$$\bar{C}_{\text{us},i} = [\bar{\boldsymbol{r}}_{\text{us},i}] = [\bar{\boldsymbol{r}}_{\text{gshp},i}, \bar{\boldsymbol{r}}_{\text{peak},i}]$$

$$[\bar{\boldsymbol{r}}_{\text{us},i}] = [\bar{r}^j_{\text{us},i}]$$

$$\bar{r}^j_{\text{us},i} \in \hat{\boldsymbol{C}}_{\text{s},j}$$

$$\bar{\boldsymbol{r}}_{\text{gshp},i} = [\bar{r}^j_{\text{gshp},i}]$$

第4章 复合式地源热泵系统短周期控制策略优化方法

$$\bar{r}_{\text{peak},i} = [\bar{r}_{\text{peak},i}^{j}]$$
$$j \in [1, n_{\text{nozero}}]$$
$$g(\bar{C}_{\text{us},i}) = \sum_{j=2}^{n_{\text{nozero}}} |\bar{r}_{\text{gshp},i}^{j} - \bar{r}_{\text{gshp},i}^{j-1}| + |\bar{r}_{\text{peak},i}^{j} - \bar{r}_{\text{peak},i}^{j-1}|$$

(4-20)

式中 $\bar{C}_{\text{us},i}$ ——第 i 个短周期运行方案；

$\bar{r}_{\text{gshp},i}$ ——第 i 个短周期运行方案的地源热泵机组运行数目序列；

$\bar{r}_{\text{peak},i}$ ——第 i 个短周期运行方案的调峰系统机组运行数目序列。

若 $n_{\text{index}} \neq n_{\text{nozero}}$，即当前负荷非零时刻索引 n_{index} 不等于各负荷非零时刻的可行运行方案 $\hat{C}_s$ 的尺寸 n_{nozero}，则遍历当前负荷非零时刻 n_{index} 对应的可行运行方案 $\hat{C}_{s,i}$。对于当前负荷非零时刻 n_{index} 的可行运行方案 $\hat{C}_{s,i}$ 中的每个可行运行方案 $\hat{C}_{s,i}^{j}$，基于运行方案组合方法，通过使用递归、回溯的方法将其添加到短周期运行方案 c_{us} 中，具体实现如下所示：

1）将可行运行方案 $\hat{C}_{s,i}^{j}$ 添加到短周期运行方案 c_{us} 中。

2）递归：调用运行方案组合方法，依次将各负荷非零时刻的可行运行方案 $\hat{C}_s$、更新后的 c_{us}、负荷非零时刻索引 n_{index} 加 1、短周期运行方案列表 $\bar{C}_{\text{us}}$ 作为参数传入。

3）回溯：递归完成后，将短周期运行方案 c_{us} 的最后一个元素移除，以便进行下一次迭代操作。

4）重复执行步骤 1~步骤 4 至遍历完所有可行运行方案 $\hat{C}_{s,i}^{j}$。

将短周期运行方案列表 $\bar{C}_{\text{us}}$ 按照一定的规则进行排序，具体来说是根据各短周期运行方案 $\bar{C}_{\text{us},i}$ 的适应值 $f(\bar{C}_{\text{us},i})$ 从小到大排序，并选取适应值最小的短周期运行方案作为最优短周期运行方案 $\bar{C}_{\text{us,best}}$。

短周期启停运行方案的适应值 $f(\bar{C}_{\text{us},i})$ 计算公式如式（4-21）所示：

$$\bar{C}_{\text{us}} = [\bar{C}_{\text{us},i}]$$
$$\bar{C}_{\text{us},i} = [\bar{r}_{\text{us},i}] = [\bar{r}_{\text{gshp},i}, \bar{r}_{\text{peak},i}]$$
$$[\bar{r}_{\text{us},i}] = [\bar{r}_{\text{us},i}^{j}]$$
$$\bar{r}_{\text{us},i}^{j} \in \hat{C}_{s,j}$$
$$\bar{Q}_{\text{us},i}^{j} = \hat{Q}_{g}(\bar{r}_{\text{us},i}^{j})$$
$$\bar{r}_{\text{gshp},i} = [\bar{r}_{\text{gshp},i}^{j}]$$
$$\bar{r}_{\text{peak},i} = [\bar{r}_{\text{gshp},i}^{j}]$$
$$j \in [1, n_{\text{nozero}}]$$
$$f(\bar{C}_{\text{us},i}) = \frac{\sum_{j=2}^{n_{\text{nozero}}} |\bar{r}_{\text{gshp},i}^{j} - \bar{r}_{\text{gshp},i}^{j-1}| + |\bar{r}_{\text{peak},i}^{j} - \bar{r}_{\text{peak},i}^{j-1}|}{\varepsilon_{\text{as,max}}} + \frac{Q_{\text{day,target}} - \sum_{j=1}^{n_{\text{nozero}}} \bar{Q}_{\text{us},i}^{j}}{Q_{\text{day,target}}}$$

(4-21)

式中 $f(\bar{C}_{us,i})$——复合式地源热泵系统短周期运行方案的适应值；

$Q_{day,target}$——复合式地源热泵系统地热源侧日取热量目标（kW）。

根据当前地源热泵机组、调峰机组运行状态和运行时间、未来一段时间的复合式地源热泵系统运行方案，确定未来一段时间各机组（地源热泵机组、调峰机组）的启停控制序列：

（1）根据复合式地源热泵系统当前运行状态 $r_{us,now}=[r_{gshp,now}, r_{peak,now}]$、复合式地源热泵系统运行方案 $\bar{C}_{us,best}$，构建未来一段时间的各机组（地源热泵机组、调峰机组）的加减机数目序列 $\boldsymbol{O}_{us}=[o_{us,i}]=[o_{gshp,i}, o_{peak,i}]$，计算公式如式（4-22）、式（4-23）所示：

$$o_{gshp,1}=r_{gshp,1}-r_{gshp,now}$$
$$o_{peak,1}=r_{peak,1}-r_{peak,now} \quad (4-22)$$

$$o_{gshp,i}=r_{gshp,i}-r_{gshp,i-1}$$
$$o_{peak,i}=r_{peak,i}-r_{peak,i-1} \quad i\in[2,n_{onzero}] \quad (4-23)$$

式中 $o_{us,i}$——第 i 个时刻复合式地源热泵机组各机组的加减机数目；

$o_{gshp,i}$——第 i 个时刻地源热泵机组的加减机数目；

$o_{peak,i}$——第 i 个时刻调峰机组的加减机数目。

（2）依次遍历各机组加减机数目序列 $\boldsymbol{O}_{us}$，根据当前复合式地源热泵系统机组运行状态 $\boldsymbol{S}_{us,now}=[\boldsymbol{S}_{gshp,now}, s_{peak,now}]$、$\boldsymbol{S}_{gshp,now}=\{s_{gshp,now,1}, s_{gshp,now,2}, s_{gshp,now,i}, s_{gshp,now,n_{gshp}}\}$、当前复合式地源热泵系统机组运行时间 $\boldsymbol{t}_{us,now}=[\boldsymbol{t}_{gshp,now}, t_{peak,now}]$、$\boldsymbol{t}_{gshp,now}=[t_{gshp,now,1}, t_{gshp,now,2}, t_{gshp,now,i}, t_{gshp,now,n_{gshp}}]$，确定复合式地源热泵系统各机组运行时间序列 $\boldsymbol{t}_{us}=[\boldsymbol{t}_{us,i}]=[\boldsymbol{t}_{gshp,i}, t_{peak,i}]$、$\boldsymbol{t}_{gshp,i}=[t_{gshp,i,1}, t_{gshp,i,2}, t_{gshp,i,j}, t_{gshp,i,n_{gshp}}]$，确定复合式地源热泵系统各机组启停控制序列 $\boldsymbol{S}_{us}=[\boldsymbol{S}_{us,i}]=[\boldsymbol{S}_{gshp,i}, s_{peak,i}]$、$\boldsymbol{S}_{gshp,i}=[s_{gshp,i,1}, s_{gshp,i,2}, s_{gshp,i,j}, s_{gshp,i,n_{gshp}}]$。

其中：$\boldsymbol{t}_{us,i}$ 表征的是第 i 个时间间隔开始时刻复合式地源热泵系统各机组运行时间，故 $\boldsymbol{t}_{us,1}=\boldsymbol{t}_{us,now}$。

如果 $o_{gshp,i}>0$，则表示需要开启部分地源热泵机组来满足未来需求，则对当前时刻地源热泵机组运行时间进行 $\boldsymbol{t}_{gshp,i}$ 排序，按照顺序依次开启运行时间最少的地源热泵机组，直到地源热泵机组开启数目达到 $|o_{gshp,i}|$ 为止；即确定 $\boldsymbol{S}_{gshp,i}$，同时更新下一时刻地源热泵机组运行时间 $\boldsymbol{t}_{gshp,i+1}=\boldsymbol{t}_{gshp,i}+\Delta t \cdot \boldsymbol{S}_{gshp,i}$。

如果 $o_{peak,i}>0$，则表示需要开启部分调峰机组来满足未来需求，则对当前时刻调峰机组运行时间 $t_{peak,i}$ 进行排序，按照顺序依次开启运行时间最少的调峰机组，直到调峰机组开启数目达到 $|o_{peak,i}|$ 为止；因调峰机组数目为 1，直接开启调峰机组即可。即确定 $s_{peak,i}$，同时更新下一时刻调峰机组运行时间 $t_{peak,i+1}=t_{peak,i}+\Delta t \cdot s_{peak,i}$。

如果 $o_{gshp,i}<0$，则表示需要关闭部分地源热泵机组来满足未来需求，则对当前时刻地源热泵机组运行时间进行排序，按照顺序依次关闭运行时间最长的地源热泵机组，直到地源热泵机组关闭数目达到 $|o_{gshp,i}|$ 为止；即确定 $\boldsymbol{S}_{gshp,i}$，同时更新下一时刻地源热泵机组运行时间 $\boldsymbol{t}_{gshp,i+1}=\boldsymbol{t}_{gshp,i}+\Delta t \cdot \boldsymbol{S}_{gshp,i}$。

如果 $o_{peak,i}<0$，则表示需要关闭部分调峰机组来满足未来需求，则对当前时刻调峰机

组运行时间进行排序,按照顺序依次关闭运行时间最长的调峰机组,直到调峰机组关闭数目达到 $|o_{\text{peak},i}|$ 为止;因调峰机组数目为 1,直接关闭调峰机组即可。即确定 $s_{\text{peak},i}$,同时更新下一时刻调峰机组运行时间 $t_{\text{peak},i+1}=t_{\text{peak},i}+\Delta t \cdot s_{\text{peak},i}$。

4.2 复合式地源热泵系统短周期控制策略优化方法

4.2.1 用户侧开环近似最优控制策略优化方法

对用户侧的优化控制而言,需要根据建筑物的具体情况和负荷需求来设定合理的用户侧出水温度范围。供冷季,在大多空调系统中,其末端换热设备制冷过程中附带除湿功能,可以降低室内温湿度,提高舒适度。用户侧出水温度决定了空气与冷媒之间的温差,这是实现冷却除湿过程的基本条件。当出水温度低于露点温度时,空气与冷媒之间的温差增大,这有利于空气中的水蒸气在接触冷媒表面时凝结成水,从而达到除湿的效果;若出水温度接近甚至高于露点温度时,除湿能力不足,可能导致室内空气相对湿度过高,从而引发潮湿、霉变等问题。同时用户侧出水温度也对热泵机组性能有着显著的影响,出水温度越低,蒸发压力会相应降低,压缩机压缩比升高,热泵机组效率降低。

合理的用户侧出水温度对于维持室内环境的舒适度和健康性、实现较高的热泵机组性能至关重要。考虑热泵机组性能对出水温度的敏感系数,假定冷水温度设定值与室内湿球温度之差 ($T_{n,wb}^{k}-T_{chws}^{k}$),与总负荷率 PLR^k 呈线性关系,用户侧冷水出水温度开环近似最优控制计算公式如式(4-24)~式(4-26)所示:

$$\frac{T_{n,wb}^{k}-T_{chws}^{k}}{T_{n,wb,des}-T_{chws,des}}=1-\beta_{chws}^{k}(PLR_{chws,cap}^{k}-PLR^k) \quad (4-24)$$

$$\frac{T_{n,wb}^{k}-T_{chws}^{k}}{T_{n,wb,des}-T_{chws,des}}=\beta_{chws}^{k}PLR^k+(1-\beta_{chws}^{k}PLR_{chws,cap}^{k}) \quad (4-25)$$

$$T_{chws}^{k}=\begin{cases}T_{n,wb}^{k}-(T_{n,wb,des}-T_{chws,des})(\beta_{chws}^{k}PLR^k+1-\beta_{chws}^{k}PLR_{chws,cap}^{k})\\T_{chws,min}<T_{chws}<T_{chws,max}\end{cases} \quad (4-26)$$

其中:

$$\beta_{chws}^{k}=\frac{0.5}{PLR_{chws,cap}^{k}}$$
$$PLR_{chws,cap}^{k}=\sqrt{\frac{1}{3}\frac{P_{ch,des}^{k}}{P_{chwp,des}^{k}}S_{chws}^{k}(T_{n,wb,des}-T_{chws,des})} \quad (4-27)$$

式中 $P_{ch,des}^{k}$ ——第 k 个控制间隔运行的热泵机组(含地源热泵机组、调峰冷水机组)总额定制冷功率(kW);

$P_{chwp,des}^{k}$ ——第 k 个控制间隔运行的用户侧循环水泵总额定功率(kW);

$T_{n,wb,des}$ ——设计室内湿球温度,由设计室内干球温度和设计室内相对湿度计算确定(℃);

$T_{chws,des}$ ——设计冷水出水温度(℃);

$T_{n,wb}^{k}$ ——第 k 个控制间隔室内湿球温度,由室内干球温度和室内相对湿度计算确定，若为离线优化取 $T_{n,wb,des}$（℃）；

PLR^k——第 k 个控制间隔复合式地源热泵系统总负荷率；

S^k_{chws}——运行热泵机组（含地源热泵机组、调峰冷水机组）总制冷功率对冷水出水温度的敏感性系数，计算公式如式（4-28）～式（4-30）所示：

$$S_{chws,gshp,i} = \frac{\partial(P_{gshp,cooling,i}/P_{gshp,rated,cooling,i})}{\partial T_{chws,gshp,i}}$$
$$= a_{1,i} + 2a_{2,i}T_{chws,des} + a_{5,i}T_{g,in,cooling,des} + a_{8,i}PLR^k_{gshp,ave,i} \quad (4-28)$$

$$S_{chws,peak} = \frac{\partial(P_{peak,cooling}/P_{peak,rated,cooling})}{\partial T_{chws,peak}} = c_1 + 2c_2 T_{chws,des} + c_5 T_{tower,in,des} + c_8 PLR^k_{peak,ave} \quad (4-29)$$

$$S^k_{chws} = \frac{\sum_{i=1}^{n_{gshp}} s^k_{gshp,i} S_{chws,gshp,i} P_{gshp,rated,cooling,i} + s^k_{peak} S_{chws,peak} P_{peak,rated,cooling}}{\sum_{i=1}^{n_{gshp}} s^k_{gshp,i} P_{gshp,rated,cooling,i} + s^k_{peak} P_{peak,rated,cooling}} \quad (4-30)$$

式中　$a_{1,i}$、$a_{2,i}$、$a_{5,i}$、$a_{8,i}$——地源热泵机组制冷功率模型系数；

c_1、c_2、c_5、c_8——调峰系统冷水机组制冷功率模型系数；

$T_{g,in,cooling,des}$——供冷季浅层土壤源地埋管群换热器设计进水温度（℃）；

$T_{tower,in,des}$——供冷季调峰系统冷却塔设计进水温度（℃）；

$PLR^k_{gshp,ave,i}$——第 k 个控制间隔第 i 台地源热泵机组负荷率；

$PLR^k_{peak,ave}$——第 k 个控制间隔调峰系统冷水机组负荷率；

$S_{chws,gshp,i}$——第 i 台地源热泵机组制冷功率对冷水出水温度的敏感系数；

$S_{chws,peak}$——调峰系统冷水机组制冷功率对冷水出水温度的敏感系数；

$s^k_{gshp,i}$——第 k 个控制间隔第 i 台地源热泵机组启停变量，若 $s^k_{gshp,i}=0$，第 i 台地源热泵机组不运行，若 $s^k_{gshp,i}=1$，第 i 台地源热泵机组运行；

s^k_{peak}——第 k 个控制间隔调峰系统冷水机组启停变量，若 $s^k_{peak}=0$，调峰系统冷水机组不运行，若 $s^k_{peak}=1$，调峰系统冷水机组运行；

S^k_{chws}——第 k 个控制间隔运行的热泵机组（含地源热泵机组、调峰冷水机组）总制冷功率对冷冻水出水温度的敏感性系数。

当热水出水温度提高时，热水温度与室内物体表面温度间的温差、热水温度与室内空气间的温差均会提高，使辐射换热、对流换热增强，末端换热设备换热量提高。同时热水出水温度也对热泵机组性能有着显著的影响，出水温度越高，冷凝压力会相应降低，压缩机压缩比升高，热泵机组效率降低。考虑热泵机组性能对热水出水温度的敏感系数，假定热水温度设定值与室内干球温度之差（$T^k_{hws}-T^k_{n,db}$），与总负荷率 PLR^k 呈线性关系，用户侧热水出水温度开环近似最优控制计算公式如式（4-32）、式（4-33）所示：

$$\frac{T^k_{hws}-T^k_{n,db}}{T_{hws,des}-T_{n,db,des}} = 1 - \beta^k_{hws}(PLR^k_{hws,cap} - PLR^k) \quad (4-31)$$

第 4 章　复合式地源热泵系统短周期控制策略优化方法

$$\frac{T_{\text{hws}}^k - T_{\text{n,db}}^k}{T_{\text{hws,des}} - T_{\text{n,db,des}}} = \beta_{\text{hws}}^k PLR^k + (1 - \beta_{\text{hws}}^k PLR_{\text{hws,cap}}^k) \tag{4-32}$$

$$T_{\text{hws}}^k = \begin{cases} T_{\text{n,db}}^k + (T_{\text{hws,des}} - T_{\text{n,db,des}})(\beta_{\text{hws}}^k PLR^k + 1 - \beta_{\text{hws}}^k PLR_{\text{hws,cap}}^k) \\ T_{\text{hws,min}} < T_{\text{hws}}^k < T_{\text{hws,max}} \end{cases} \tag{4-33}$$

其中：

$$\beta_{\text{hws}}^k = \frac{0.5}{PLR_{\text{hws,cap}}^k}$$

$$PLR_{\text{hws,cap}}^k = \sqrt{\frac{1}{3} \frac{P_{\text{h,des}}^k}{P_{\text{hwp,des}}^k} S_{\text{hws}}^k (T_{\text{hws,des}} - T_{\text{n,db,des}})} \tag{4-34}$$

式中　$P_{\text{h,des}}^k$——第 k 个控制间隔运行机组（地源热泵机组及锅炉）总额定制热功率（kW）；

　　　$P_{\text{hwp,des}}^k$——第 k 个控制间隔运行用户侧循环水泵总额定功率（kW）；

　　　$T_{\text{n,db,des}}$——供暖季设计室内干球温度（℃）；

　　　$T_{\text{hws,des}}$——供暖季设计热水出水温度（℃）；

　　　$T_{\text{n,db}}^k$——第 k 个控制间隔室内干球温度，若为离线优化取 $T_{\text{n,db,des}}$（℃）；

　　　PLR^k——第 k 个控制间隔复合式地源热泵系统总负荷率；

　　　S_{hws}^k——第 k 个控制间隔运行机组（含地源热泵机组、调峰热水锅炉）总制热功率对热水出水温度的敏感性系数，计算公式如式（4-35）~式（4-37）所示：

$$S_{\text{hws,gshp},i} = \frac{\partial (P_{\text{gshp,heating},i}/P_{\text{gshp,rated,heating},i})}{\partial T_{\text{hws,gshp},i}}$$
$$= b_{1,i} + 2b_{2,i} T_{\text{hws,des}} + b_{5,i} T_{\text{g,in,heating,des}} + b_{8,i} PLR_{\text{gshp,ave},i}^k \tag{4-35}$$

$$S_{\text{hws,peak}} = \frac{\partial (P_{\text{peak,heating}}/P_{\text{peak,rated,heating}})}{\partial T_{\text{hws,peak}}} = 2a_{12} G_{\text{boiler,des}} + 2a_{22} T_{\text{hws,des}} + a_{23} PLR_{\text{peak,ave}}^k + b_2 \tag{4-36}$$

$$S_{\text{hws}}^k = \frac{\sum_{i=1}^{n_{\text{gshp}}} s_{\text{gshp},i}^k S_{\text{hws,gshp},i} P_{\text{gshp,rated,heating},i} + s_{\text{peak}}^k S_{\text{hws,peak}} P_{\text{peak,rated,heating}}}{\sum_{i=1}^{n_{\text{gshp}}} s_{\text{gshp},i}^k P_{\text{gshp,rated,heating},i} + s_{\text{peak}}^k P_{\text{peak,rated,heating}}} \tag{4-37}$$

式中　$b_{1,i}$、$b_{2,i}$、$b_{5,i}$、$b_{8,i}$——地源热泵机组制热功率模型系数；

　　　a_{12}、a_{22}、a_{23}、b_2——调峰系统热水锅炉制热功率模型系数；

　　　$T_{\text{g,in,heating,des}}$——供暖季浅层土壤源地埋管群换热器设计进水温度（℃）；

　　　$G_{\text{boiler,des}}$——调峰热水锅炉设计运行流量（m³/h）；

　　　$S_{\text{hws,gshp},i}$——第 i 台地源热泵机组制热功率对热水出水温度的敏感系数；

　　　$S_{\text{hws,peak}}$——调峰系统热水锅炉制热功率对热水出水温度的敏感系数。

用户侧采取量调节运行模式，供冷季与供暖季用户侧循环流量计算公式分别如式（4-38）、式（4-39）所示：

$$G_{\text{chw}}^k = \begin{cases} \dfrac{Q_{\text{migrate}}^k}{\rho c_{\text{p}} (T_{\text{chwr,des}} - T_{\text{chws,des}})} \\ G_{\text{chw,min}} < G_{\text{chw}}^k < G_{\text{chw,max}} \end{cases} \tag{4-38}$$

$$G_{hw}^k = \begin{cases} \dfrac{Q_{migrate}^k}{\rho c_p (T_{hws,des} - T_{hwr,des})} \\ G_{hw,min} < G_{hw}^k < G_{hw,max} \end{cases} \quad (4-39)$$

式中 $Q_{migrate}^k$ ——保障性负荷迁移后，第 k 个控制间隔复合式地源热泵系统运行负荷（kW）；

$T_{chwr,des}$ ——供冷季冷水设计回水温度（℃）；

$T_{chws,des}$ ——供冷季冷水设计出水温度（℃）；

$T_{hws,des}$ ——供暖季热水设计出水温度（℃）；

$T_{hwr,des}$ ——供暖季热水设计回水温度（℃）；

c_p ——循环水比热容 [kWh/(kg·K)]；

ρ ——循环水密度（kg/m³）。

根据用户侧循环流量和用户侧出水温度，供冷季与供暖季用户侧回水温度计算公式分别如式（4-40）、式（4-41）所示：

$$T_{chwr}^k = T_{chws}^k + \dfrac{Q_{migrate}^k}{\rho c_p G_{chw}^k} \quad (4-40)$$

$$T_{hwr}^k = T_{hws}^k - \dfrac{Q_{migrate}^k}{\rho c_p G_{hw}^k} \quad (4-41)$$

类似于浅层土壤源地埋管群水力数学模型（地源侧水力数学模型），构建用户侧水力数学模型。忽略分集水器后循环水管网阻抗波动，确定地源热泵机组和调峰机组启停规划序列后，基于计算确定的用户侧循环水管网总阻抗，便可获得用户侧循环水管网流量扬程曲线。用户侧循环泵组并联运行且统一变频，不同水泵运行台数 $n_{p,u,o}$ 下，泵组满频运行时的最大运行流量 $G_{u,max,n_{p,u,o}}$，计算公式如式（4-42）所示：

$$G_{u,max,n_{p,u,o}} = G_{u,max}(n_{p,u,o}, \boldsymbol{S}_{gshp}, s_{peak}), n_{p,u,o} \in [1, n_{p,u}] \quad (4-42)$$

式中 $n_{p,u,o}$ ——用户侧循环泵组水泵运行台数；

$n_{p,u}$ ——用户侧循环泵组水泵总台数；

$\boldsymbol{S}_{gshp}$ ——各地源热泵机组启停序列，$\boldsymbol{S}_{gshp} = \{s_{gshp,1}, s_{gshp,2}, s_{gshp,i}, s_{gshp,n_{gshp}}\}$，其中 $s_{gshp,i}$ 为第 i 台地源热泵机组启停变量；

s_{peak} ——调峰机组启停变量。

根据用户侧循环流量确定用户侧循环水泵泵组的水泵运行台数，计算公式如式（4-43）所示：

$$\hat{n}_{p,u}^k = i, if(G_{u,max,i-1} \leqslant G_u^k \leqslant G_{u,max,i}), i \in [1, n_{p,u}] \quad (4-43)$$

式中 $\hat{n}_{p,u}^k$ ——第 k 个控制间隔用户侧循环水泵泵组的运行台数；

$G_{u,max,i}$ ——用户侧循环泵组水泵运行台数为 i 时，泵组满频运行时的最大运行流量（m³/h）。

进一步确定用户侧循环水泵泵组运行频率，计算公式如式（4-44）所示：

$$f_{p,u}^k = \begin{cases} \dfrac{G_u^k}{G_{p,u,\hat{n}_{p,u}}} & \dfrac{G_{p,u,\hat{n}_{p,u}} f_{p,u,min}}{f_{max}} \leqslant G_u^k < G_{p,u,\hat{n}_{p,u}^k} \\ f_{p,u,min} & G_u < \dfrac{G_{p,u,\hat{n}_{p,u}^k} f_{p,u,min}}{f_{max}} \end{cases} \quad (4-44)$$

式中 $f_{\text{p,u}}^k$——第 k 个控制间隔用户侧循环水泵泵组运行频率（Hz）；

$f_{\text{p,u,min}}$——统一变频最低运行频率（Hz）；

$f_{\max}$——满频频率（Hz）。

4.2.2 复合式地源热泵系统机组控制策略优化方法

复合式地源热泵系统机组启停优化方法明确了地源热泵系统地源热泵机组和调峰系统调峰机组启停序列，本小节将进一步对复合式地源热泵系统机组控制策略进行优化。对复合式地源热泵系统机组控制策略进行优化，首先需明确热泵机组与调峰机组最大可能运行负荷，因调峰机组与地源热泵机组并联运行，地源热泵机组用户侧循环流量 $G_{\text{u,gshp},i}^k$ 与调峰机组用户侧循环流量 $G_{\text{u,peak}}^k$ 近似一致，调峰冷水机组有保障安全需要的冷水最低出水温度 $T_{\text{chws,min}}$ 限制，调峰热水机组有热水最高出水温度 $T_{\text{hws,max}}$ 限制，供冷季、供暖季调峰机组各控制间隔最大可能运行负荷计算公式如式（4-45）、式（4-46）所示：

$$Q_{\text{peak,cooling,max}}^k = \max\left(\frac{s_{\text{peak}}^k Q_{\text{peak,rated,cooling}} Q_{\text{migrate}}^k}{\sum_{i=1}^{n_{\text{gshp}}} s_{\text{gshp},i}^k Q_{\text{gshp,rated,cooling},i} + s_{\text{peak}}^k Q_{\text{peak,rated,cooling}}} \right.$$

$$\left. \frac{T_{\text{chwr}} - T_{\text{chws,peak,min}}}{T_{\text{chwr}} - T_{\text{chws}}}, Q_{\text{peak,rated,cooling}} \right) \quad (4\text{-}45)$$

$$Q_{\text{peak,heating,max}}^k = \min\left(\frac{s_{\text{peak}}^k Q_{\text{peak,rated,heating}} Q_{\text{migrate}}^k}{\sum_{i=1}^{n_{\text{gshp}}} s_{\text{gshp},i}^k Q_{\text{gshp,rated,heating},i} + s_{\text{peak}}^k Q_{\text{peak,rated,heating}}} \right.$$

$$\left. \frac{T_{\text{hws,peak,max}} - T_{\text{hwr}}}{T_{\text{hws}} - T_{\text{hwr}}}, Q_{\text{peak,rated,heating}} \right) \quad (4\text{-}46)$$

根据各地源热泵机组启停序列 $\boldsymbol{S}_{\text{gshp}}^k = \{s_{\text{gshp},1}^k, s_{\text{gshp},2}^k, s_{\text{gshp},i}^k, s_{\text{gshp},n_{\text{gshp}}}^k\}$ 和调峰机组启停变量 s_{peak}^k，由复合式地源热泵系统最大可能运行负荷计算方法，确定供冷季、供暖季各控制间隔内地源热泵系统的最大可能运行负荷 $Q_{\text{gshp,cooling,max}}^k$（$Q_{\text{gshp,heating,max}}^k$）。

若调峰机组运行而地源热泵机组并不运行（即 $s_{\text{peak}}^k = 1$，$\|\boldsymbol{S}_{\text{gshp}}^k\|_0 = 0$），供冷季、供暖季各控制间隔内调峰系统的运行负荷计算公式如式（4-47）、式（4-48）所示：

$$Q_{\text{peak,cooling}}^k = \max(Q_{\text{peak,cooling,max}}^k, Q_{\text{migrate}}^k)$$

$$T_{\text{chws,peak}}^k = T_{\text{chwr}}^k - \frac{Q_{\text{peak,cooling}}^k}{Q_{\text{migrate}}^k}(T_{\text{chwr}}^k - T_{\text{chws}}^k) \quad (4\text{-}47)$$

$$PLR_{\text{peak}}^k = \frac{Q_{\text{peak,cooling}}^k}{Q_{\text{peak,rated,cooling}}}$$

$$Q_{\text{peak,heating}}^k = \min(Q_{\text{peak,heating,max}}^k, Q_{\text{migrate}}^k)$$

$$T_{\text{hws,peak}}^k = T_{\text{hwr}}^k + \frac{Q_{\text{peak,heating}}^k}{Q_{\text{migrate}}^k}(T_{\text{hws}}^k - T_{\text{hwr}}^k) \quad (4\text{-}48)$$

$$PLR_{\text{peak}}^k = \frac{Q_{\text{peak,heating}}^k}{Q_{\text{peak,rated,heating}}}$$

若地源热泵机组运行而调峰机组并不运行（即 $s_{\text{peak}}^k=0$，$\|\boldsymbol{S}_{\text{gshp}}^k\|_0 \geqslant 1$），供冷季、供暖季各控制间隔内地源热泵系统的运行负荷计算公式如式（4-49）、式（4-50）所示：

$$Q_{\text{gshp,cooling}}^k = \max(Q_{\text{gshp,cooling,max}}^k, Q_{\text{migrate}}^k)$$

$$T_{\text{chws,gshp}}^k = T_{\text{chwr}}^k - \frac{Q_{\text{gshp,cooling}}^k}{Q_{\text{migrate}}^k}(T_{\text{chwr}}^k - T_{\text{chws}}^k) \quad (4\text{-}49)$$

$$Q_{\text{gshp,heating}}^k = \min(Q_{\text{gshp,heating,max}}^k, Q_{\text{migrate}}^k)$$

$$T_{\text{hws,gshp}}^k = T_{\text{hwr}}^k + \frac{Q_{\text{gshp,heating}}^k}{Q_{\text{migrate}}^k}(T_{\text{hws}}^k - T_{\text{hwr}}^k) \quad (4\text{-}50)$$

若地源热泵机组与调峰机组均运行（即 $s_{\text{peak}}^k=1$，$\|\boldsymbol{S}_{\text{gshp}}^k\|_0 \geqslant 1$），供冷季、供暖季各控制间隔内地源热泵系统、调峰系统运行负荷计算公式如式（4-51）～式（4-54）所示：

$$Q_{\text{gshp,cooling}}^k = \max\left(\frac{\sum_{i=1}^{n_{\text{gshp}}} s_{\text{gshp},i}^k Q_{\text{gshp,rated,cooling},i} Q_{\text{migrate}}^k}{\sum_{i=1}^{n_{\text{gshp}}} s_{\text{gshp},i}^k Q_{\text{gshp,rated,cooling},i} + s_{\text{peak}}^k Q_{\text{peak,rated,cooling}}}, Q_{\text{gshp,cooling,max}}^k\right)$$

$$T_{\text{chws,gshp}}^k = T_{\text{chwr}}^k - \frac{\left(\sum_{i=1}^{n_{\text{gshp}}} s_{\text{gshp},i}^k Q_{\text{gshp,rated,cooling},i} + s_{\text{peak}}^k Q_{\text{peak,rated,cooling}}\right) Q_{\text{gshp,cooling}}^k}{\sum_{i=1}^{n_{\text{gshp}}} s_{\text{gshp},i}^k Q_{\text{gshp,rated,cooling},i} Q_{\text{migrate}}^k}(T_{\text{chwr}}^k - T_{\text{chws}}^k) \quad (4\text{-}51)$$

$$Q_{\text{peak,cooling}}^k = \max(Q_{\text{peak,cooling,max}}^k, Q_{\text{migrate}}^k - Q_{\text{gshp,cooling}}^k)$$

$$T_{\text{chws,peak}}^k = T_{\text{chwr}}^k - \frac{\left(\sum_{i=1}^{n_{\text{gshp}}} s_{\text{gshp},i}^k Q_{\text{gshp,rated,cooling},i} + s_{\text{peak}}^k Q_{\text{peak,rated,cooling}}\right) Q_{\text{gshp,cooling}}^k}{s_{\text{peak}}^k Q_{\text{peak,rated,cooling}} Q_{\text{migrate}}^k}(T_{\text{chwr}}^k - T_{\text{chws}}^k)$$

$$PLR_{\text{peak}}^k = \frac{Q_{\text{peak,cooling}}^k}{Q_{\text{peak,rated,cooling}}} \quad (4\text{-}52)$$

$$Q_{\text{gshp,heating}}^k = \min\left(\frac{\sum_{i=1}^{n_{\text{gshp}}} s_{\text{gshp},i}^k Q_{\text{gshp,rated,heating},i} Q_{\text{migrate}}^k}{\sum_{i=1}^{n_{\text{gshp}}} s_{\text{gshp},i}^k Q_{\text{gshp,rated,heating},i} + s_{\text{peak}}^k Q_{\text{peak,rated,heating}}}, Q_{\text{gshp,heating,max}}^k\right)$$

$$T_{\text{hws,peak}}^k = T_{\text{hwr}}^k + \frac{\left(\sum_{i=1}^{n_{\text{gshp}}} s_{\text{gshp},i}^k Q_{\text{gshp,rated,heating},i} + s_{\text{peak}}^k Q_{\text{peak,rated,heating}}\right) Q_{\text{gshp,heating}}^k}{\sum_{i=1}^{n_{\text{gshp}}} s_{\text{gshp},i}^k Q_{\text{gshp,rated,heating},i} Q_{\text{migrate}}^k}(T_{\text{hws}}^k - T_{\text{hwr}}^k) \quad (4\text{-}53)$$

$$Q_{\text{peak,heating}}^k = \min(Q_{\text{peak,heating,max}}^k, Q_{\text{migrate}}^k - Q_{\text{gshp,heating}}^k)$$

$$T_{\text{hws,peak}}^k = T_{\text{hwr}}^k + \frac{\left(\sum_{i=1}^{n_{\text{gshp}}} s_{\text{gshp},i}^k Q_{\text{gshp,rated,heating},i} + s_{\text{peak}}^k Q_{\text{peak,rated,heating}}\right) Q_{\text{gshp,heating}}^k}{s_{\text{peak}}^k Q_{\text{peak,rated,heating}} Q_{\text{migrate}}^k}(T_{\text{hws}}^k - T_{\text{hwr}}^k)$$

$$PLR_{\text{peak}}^k = \frac{Q_{\text{peak,heating}}^k}{Q_{\text{peak,rated,heating}}} \tag{4-54}$$

供冷季、供暖季地源热泵机组最大负荷率计算公式如式（4-55）、式（4-56）所示：

$$PLR_{\text{gshp,max},i}^k = \min\left(\frac{T_{\text{chwr}}^k - T_{\text{chws,gshp,min}}}{T_{\text{chwr}}^k - T_{\text{chws}}^k}, PLR_{\text{gshp,max}}\right) \tag{4-55}$$

$$PLR_{\text{gshp,max},i}^k = \min\left(\frac{T_{\text{hws,gshp,max}} - T_{\text{hwr}}^k}{T_{\text{hws}}^k - T_{\text{hwr}}^k}, PLR_{\text{gshp,max}}\right) \tag{4-56}$$

确定地源热泵系统运行负荷后，进一步对控制间隔地源热泵系统地源热泵机组负荷率 $PLR_{\text{gshp},i}^k$、各地源热泵机组供冷季冷冻水出水温度 $T_{\text{gshp,chws},i}^k$（供暖季热水出水温度 $T_{\text{gshp,hws},i}^k$）进行优化，供冷季地源热泵机组负荷率优化目标函数如式（4-57）所示：

$$\min \sum_{i=1}^{n_{\text{gshp}}} s_{\text{gshp},i}^k P_{\text{gshp,cooling},i}$$

$$P_{\text{gshp,cooling},i} = P_{\text{gshp,rated,cooling},i} [a_{0,i} + a_{1,i} T_{\text{chws,gshp},i}^k + a_{2,i} (T_{\text{chws,gshp},i}^k)^2$$
$$+ a_{3,i} T_{\text{g,in}}^k + a_{4,i} (T_{\text{g,in}}^k)^2 + a_{5,i} T_{\text{chws,gshp},i}^k T_{\text{g,in}}^k + a_{6,i} PLR_{\text{gshp},i}^k$$
$$+ a_{7,i} (PLR_{\text{gshp},i}^k)^2 + a_{8,i} PLR_{\text{gshp},i}^k T_{\text{chws,gshp},i}^k + a_{9,i} PLR_{\text{gshp},i}^k T_{\text{g,in}}^k] \tag{4-57}$$

$$s.t. \begin{cases} \rho c_p G_{\text{chws,gshp},i}^k (T_{\text{chwr}}^k - T_{\text{chws,gshp},i}^k) = PLR_{\text{gshp},i}^k \cdot Q_{\text{gshp,rated,cooling},i} \\ \dfrac{\sum s_{\text{gshp},i}^k G_{\text{chws,gshp},i}^k T_{\text{chws,gshp},i}^k}{\sum s_{\text{gshp},i}^k G_{\text{chws,gshp},i}^k} = T_{\text{chws}}^k \\ PLR_{\text{gshp,min}} < PLR_{\text{gshp},i}^k < PLR_{\text{gshp,max},i}^k \end{cases}$$

供暖季地源热泵机组负荷率优化目标函数如式（4-58）所示：

$$\min \sum_{i=1}^{n_{\text{gshp}}} s_{\text{gshp},i}^k P_{\text{gshp,heating},i}$$

$$P_{\text{gshp,heating},i} = P_{\text{gshp,rated,heating},i} [b_{0,i} + b_{1,i} T_{\text{hws,gshp},i}^k + b_{2,i} (T_{\text{hws,gshp},i}^k)^2$$
$$+ b_{3,i} T_{\text{g,in}}^k + b_{4,i} (T_{\text{g,in}}^k)^2 + b_{5,i} T_{\text{hws,gshp},i}^k T_{\text{g,in}}^k + b_{6,i} PLR_{\text{gshp},i}^k$$
$$+ b_{7,i} (PLR_{\text{gshp},i}^k)^2 + b_{8,i} PLR_{\text{gshp},i}^k T_{\text{hws,gshp},i}^k + b_{9,i} PLR_{\text{gshp},i}^k T_{\text{g,in}}^k] \tag{4-58}$$

$$s.t. \begin{cases} \rho c_p G_{\text{gshp,hws},i}^k (T_{\text{hws,gshp},i}^k - T_{\text{hwr}}^k) = PLR_{\text{gshp},i}^k \cdot Q_{\text{gshp,rated,cooling},i} \\ \dfrac{\sum s_{\text{gshp},i}^k G_{\text{gshp,hws},i}^k T_{\text{hws,gshp},i}^k}{\sum s_{\text{gshp},i}^k G_{\text{gshp,hws},i}^k} = T_{\text{hws}}^k \\ PLR_{\text{gshp,min}} < PLR_{\text{gshp},i}^k < PLR_{\text{gshp,max},i}^k \end{cases}$$

经进一步整理，供冷季地源热泵机组负荷率优化目标函数如式（4-59）所示：

$$\min f_{\text{cooling}}(x^k) = \frac{1}{2}(x^k)^T \boldsymbol{H}^k x^k + \boldsymbol{c}^k x^k$$

$$s.t. \begin{cases} \boldsymbol{A}_1^k x^k = \boldsymbol{b}_1^k \\ \boldsymbol{LB}^k \leqslant x \leqslant \boldsymbol{UB}^k \end{cases} \tag{4-59}$$

其中：

$$x^k = (PLR_{\text{gshp},1}^k \quad PLR_{\text{gshp},i}^k \quad PLR_{\text{gshp},\hat{n}_{\text{gshp}}}^k)^T$$

$$\boldsymbol{H}^k = \begin{bmatrix} 2\hat{a}_1^k & & \\ & 2\hat{a}_i^k & \\ & & 2\hat{a}_{\hat{n}_{\text{gshp}}}^k \end{bmatrix}$$

$$\boldsymbol{c}^k = [\hat{b}_1^k \quad \hat{b}_i^k \quad \hat{b}_{\hat{n}_{\text{gshp}}}^k]$$

$$\boldsymbol{LB}^k = (PLR_{\text{gshp,min}} \quad PLR_{\text{gshp,min}} \quad PLR_{\text{gshp,min}})^T$$

$$\boldsymbol{UB}^k = (PLR_{\text{gshp,max},1}^k \quad PLR_{\text{gshp,max},i}^k \quad PLR_{\text{gshp,max},\hat{n}_{\text{gshp}}}^k)^T$$

$$\boldsymbol{A}_1^k = [b_{\text{gshp},1}^k \quad b_{\text{gshp},i}^k \quad b_{\text{gshp},\hat{n}_{\text{gshp}}}^k]$$

$$\boldsymbol{b}_1^k = [T_{\text{chwr}}^k - T_{\text{chws}}^k] \tag{4-60}$$

$$\hat{a}_i^k = P_{\text{gshp,rated,cooling},i} [a_{2,i}(a_{\text{gshp},i}^k)^2 + a_{7,i} - a_{8,i} a_{\text{gshp},i}^k]$$

$$\hat{b}_i^k = P_{\text{gshp,rated,cooling},i}(-a_{1,i} a_{\text{gshp},i}^k - 2a_{2,i} a_{\text{gshp},i}^k T_{\text{chwr}}^k$$
$$- a_{5,i} a_{\text{gshp},i}^k T_{\text{g,in}}^k + a_{6,i} + a_{8,i} T_{\text{chwr}}^k + a_{9,i} T_{\text{g,in}}^k)$$

$$a_{\text{gshp},i}^k = \frac{Q_{\text{gshp,rated,cooling},i}}{\rho c_p G_{\text{chws,gshp},i}^k}$$

$$b_{\text{gshp},i}^k = \frac{Q_{\text{gshp,rated,cooling},i}}{\rho c_p G_{\text{chws,gshp}}^k}$$

供暖季地源热泵机组负荷率优化目标函数如式（4-61）所示：

$$\min f_{\text{heating}}(x^k) = \frac{1}{2}(x^k)^T \boldsymbol{H}^k x^k + \boldsymbol{c}^k x^k$$
$$s.t. \begin{cases} \boldsymbol{A}_1^k x^k = \boldsymbol{b}_1^k \\ \boldsymbol{LB}^k \leqslant x \leqslant \boldsymbol{UB}^k \end{cases} \tag{4-61}$$

其中：

$$x^k = (PLR_{\text{gshp},1}^k \quad PLR_{\text{gshp},i}^k \quad PLR_{\text{gshp},\hat{n}_{\text{gshp}}}^k)^T$$

$$\boldsymbol{H}^k = \begin{bmatrix} 2\hat{a}_1^k & & \\ & 2\hat{a}_i^k & \\ & & 2\hat{a}_{\hat{n}_{\text{gshp}}}^k \end{bmatrix}$$

$$\boldsymbol{c}^k = [\hat{b}_1^k \quad \hat{b}_i^k \quad \hat{b}_{\hat{n}_{\text{gshp}}}^k] \tag{4-62}$$

$$\boldsymbol{LB}^k = (PLR_{\text{gshp,min}}^k \quad PLR_{\text{gshp,min}}^k \quad PLR_{\text{gshp,min}}^k)^T$$

$$\boldsymbol{UB}^k = (PLR_{\text{gshp,max},1}^k \quad PLR_{\text{gshp,max},i}^k \quad PLR_{\text{gshp,max},\hat{n}_{\text{gshp}}}^k)^T$$

$$\boldsymbol{A}_1^k = \begin{bmatrix} b_{\text{gshp},1}^k & b_{\text{gshp},i}^k & b_{\text{gshp},\hat{n}_{\text{gshp}}}^k \end{bmatrix}$$

$$\boldsymbol{b}_1^k = \begin{bmatrix} T_{\text{hws}}^k - T_{\text{hwr}}^k \end{bmatrix}$$

通过求解供冷季、供暖季地源热泵机组负荷率优化二次规划问题,确定各地源热泵机组运行负荷率 $PLR_{\text{gshp},i}^k$。根据机组运行负荷率 $PLR_{\text{gshp},i}^k$,供冷季、供暖季各地源热泵机组出水温度计算公式如式(4-63)、式(4-64)所示:

$$T_{\text{chws,gshp},i}^k = T_{\text{chwr}}^k - a_{\text{gshp},i}^k PLR_{\text{gshp},i}^k \tag{4-63}$$

$$T_{\text{hws,gshp},i}^k = T_{\text{hwr}}^k + a_{\text{gshp},i}^k PLR_{\text{gshp},i}^k \tag{4-64}$$

4.3 本章小节

本章根据浅层土壤源蓄热型地埋管换热器的特性,提出短周期机组启停优化方法、短周期控制策略优化方法,对复合式地源热泵系统短周期各控制变量进行优化,提高复合式热泵系统可靠性与经济性。

(1) 提出浅层土壤源的历史运行数据简化方法,将以日为时间间隔的地热源侧各分区阶梯热流转换为依次以月、周、日为时间间隔的地热源侧各分区阶梯热流,简化地源侧历史运行数据的数量和复杂性的同时,保留了浅层土壤源侧各地埋管群分区阶梯热流关键信息。

(2) 提出保障性负荷迁移方法,评估浅层土壤源蓄热型地埋管换热器的最大换热量,确定任意工况下复合式地源热泵系统最大可能运行负荷,在日负荷高峰段通过建筑负荷迁移降低负荷波动,确保复合式地源热泵系统能够满足建筑物的负荷需要,提高系统可靠性。

(3) 提出复合式地源热泵系统机组启停优化方法,采取递归和回溯技术,生成各短周期启停优化方案。根据短周期启停运行方案的适应值,确定最佳启停运行方案。并根据当前地源热泵机组、调峰机组运行状态和运行时间,确定短周期各机组(地源热泵机组、调峰机组)的启停控制序列。

(4) 考虑用户侧出水温度对于维持室内环境的舒适度和健康性、实现较高的热泵机组性能的重要性,提出用户侧开环近似最优控制策略优化方法对用户侧循环泵组运行频率、用户侧出水温度进行优化。

本章建立并求解复合式地源热泵系统控制策略优化模型,评估复合式地源热泵系统最大可能运行负荷,采取排列组合、开环近似最优控制、数值优化等技术,对各控制策略进行优化,以提高复合式地源热泵系统可靠性和经济性。

第 5 章　系统运行策略优化工程案例应用

5.1　地源热泵系统运行仿真优化平台

5.1.1　软件平台概述

为解决地源热泵系统"地上—地下"一体化运行策略设计与优化控制实施难题，开发地源热泵系统仿真优化平台。该软件平台具有地源热泵系统物理建模、地源侧仿真分析、长短周期优化控制策略制定等功能。基于快速仿真模型和长短周期优化算法模型，开发地源侧快速仿真、地温场三维云图渲染、地温场横纵剖面图渲染、长周期运行调度优化及短周期控制策略优化等算法包。实现机理模型建模、地源侧快速仿真、长周期运行调度优化、短周期控制策略优化等算法包的研发，进而实现地源热泵系统与调峰系统的高效运行调度与优化控制，提供可视化界面和数据分析功能以及具有可扩展性和可维护性等功能。

软件平台整体架构如图 5-1 所示，Web 服务器接收来自前端的 HTTP 请求，Web 服务器解析 HTTP 请求，并调用应用服务器的 RESTFUL API 请求，在应用服务器中，调用相应的地源热泵建模仿真库和优化控制计算库，应用服务器将计算结果以 JSON 序列的方式返回给 Web 服务器，并利用模板引擎实现前端页面的渲染，将响应页面返回给浏览器。

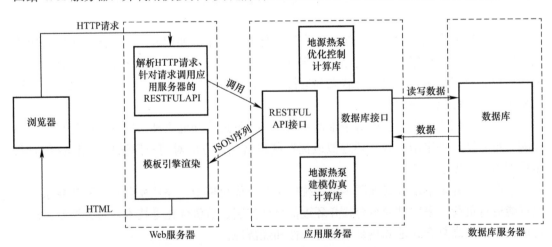

图 5-1　软件平台整体架构

软件结构为 B/S 架构，浏览器/服务器结构；前端架构为单页应用程序（SPA），即 Web 应用程序；后端架构为微服务架构，具有高内聚、低耦合特性；后端利用 Java 编程语言，具有跨平台性、多线程支持、安全性，采用 JVM 运行性能优越；分层 API 设计，前端、后端 API，结构清晰，降低耦合性，易于扩展；采用 MySQL 数据库、开源关系型数据库，通过分库、分表实现扩展，可移植到云服务器实现数据库服务。

5.1.2 地源热泵系统物理建模

拟采用 HTML5 + JavaScript + CSS3 实现一套地源热泵优化调度平台。具体功能包括：地源热泵物理建模、地源侧仿真、控制策略优化等，软件登录界面如图 5-2 所示。

图 5-2 软件登录界面

地源热泵的物理建模功能主要完成：地源侧建模、热泵侧建模、调峰侧建模、用户侧建模等。

1. 地源侧建模

地源侧建模重点在于对地埋管群分布和土壤地质结构的参数录入，地源侧建模示意图如图 5-3 所示。需要指定分区数量、钻孔数量、钻孔排布、钻孔深度、钻孔孔径、回填材料导热系数、岩土层深度、岩土热扩散系数、岩土导热系数等信息，才能有效完成地源侧模型岩土物性、渗流特征与地温场的辨识。

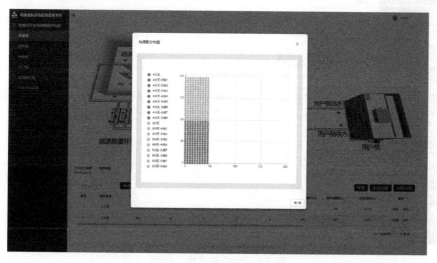

图 5-3 地源侧建模示意图

2. 热泵侧建模

地源热泵侧数学模型的构建，需要详细的热泵机组参数，包括台数、类型、额定功率、冷热负荷、额定供回水温度、泵组额定工况等，并通过感知的流量、压力、温度、设备功率等多元信息数据序列，对地源热泵、水泵等关键设备数学模型自动完成修正调整，热泵侧建模示意图如图 5-4 所示。

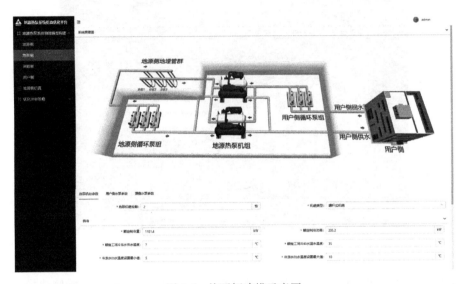

图 5-4　热泵侧建模示意图

3. 调峰侧建模

考虑地源热泵系统受地温场条件限制，往往需要搭配调峰冷热源一起使用。平台允许录入夏季冷水机组调峰运行工况参数或冬季锅炉调峰运行工况参数，参与地源热泵系统优化控制策略计算，生成最优的调峰分配方案，调峰侧建模示意图如图 5-5 所示。

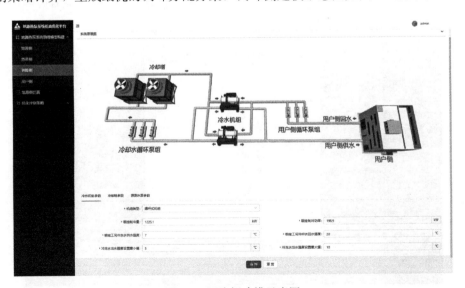

图 5-5　调峰侧建模示意图

4. 用户侧建模

针对供冷季和供暖季分别完成用户侧设计负荷、室内温度、室外温度、供水温度、回水温度等参数的录入，并在后台自动生成负荷预测模型，用户侧建模示意图如图 5-6 所示。

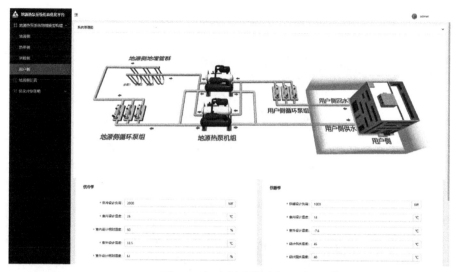

图 5-6　用户侧建模示意图

5.1.3　地源侧仿真

地源侧仿真是基于岩土物性参数和给定的热泵侧运行边界条件，仿真地埋管进出口温度及地温场温度变化，探讨地埋管群分布或热泵运行工况是否合理，冬夏季取热是否均匀等问题，并生成三维地温场分布云图和二维地温场切面云图等。

1. 仿真信息录入

基于 Excel 导入的方式录入地源侧仿真边界条件，包括仿真周期内逐时的分区启停、分区流量、入口温度等。

2. 云图分析

平台基于仿真结果绘制地温场三维分布云图，如图 5-7 所示。三维分布云图可基于不同分区、分组的情况进行绘制，支持选择、拖拽、缩放，并查看不同位置的详细数值。地温场横纵切面图支持录入不同的切面位置，并自动更新渲染结果，如图 5-8 所示。

5.1.4　优化控制策略

优化控制策略分为长周期和短周期两种模式，长周期优化以周为时间间隔输出一年的优化控制策略，短周期优化需在长周期优化基础上完成，任选其中一天完成逐小时优化，输出分区启停、机组群控、调峰启停、目标流量、系统能耗、系统效率等结果。

1. 长周期优化

长周期优化首先基于历史供冷季冷负荷和供暖季热负荷，研究长周期负荷的不确定性，通过概率分布、区间估计或扰动模型等方式来表示不确定性，建立长周期负荷不确定性模型。以最小化最不利情况下的系统能耗作为鲁棒性指标，衡量长周期运行调度方案对

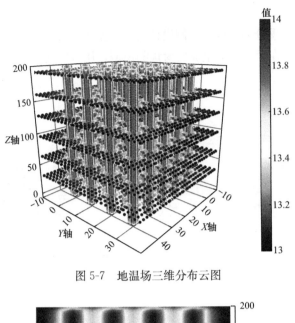

图 5-7 地温场三维分布云图

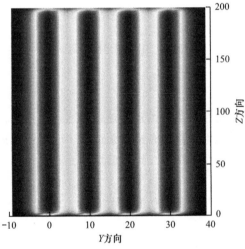

图 5-8 地温场横纵切面图

负荷不确定性的敏感程度。基于负荷预测模型，利用预测气象参数值确定长周期供冷季冷负荷和供暖季热负荷，考虑负荷不确定性因素的影响下，基于鲁棒优化算法，通过迭代或逐步逼近的方式，寻找最优的运行调度方案，长周期优化控制策略示意图如图 5-9 所示。

2. 短周期优化

短周期优化运行控制策略优化控制间隔为 1h，以各控制间隔内地源热泵机组、调峰机组符合率为决策变量，以满足地源侧日取热量为约束，以复合式系统能耗为目标函数，利用粒子群算法实现短周期运行控制策略优化。解释以长周期优化得到的日取热量，去进一步优化调峰系统和地源热泵系统的出力，同时确定地源热泵机组荷率、冷水机组负荷率、冬季调峰负荷率、冷却塔风机频率、循环水泵频率、用户侧冷水供水温度、冷水供回水温差、用户侧热水供水温度、热水供回水温差等运行控制策略。

图 5-9　长周期优化控制策略示意图

5.2　长周期源侧运行调度优化应用

5.2.1　复合式地源热泵系统算例概况

北京某复合式地源热泵系统项目建筑面积 $39201m^2$，建筑设计冷负荷 3335kW，建筑热负荷 1977kW。系统形式以地埋管地源热泵系统为主，冷却塔＋螺杆式冷水机组系统夏季调峰。系统选配 2 台螺杆式地源热泵机组，单台热泵机组制冷量为 1181.4kW，制热量为 1170.4kW；1 台螺杆式冷水机组，制冷量为 1225.1kW；4 台空调侧循环泵，三用一备；3 台地源侧循环泵，二用一备；2 台冷却循环泵，一用一备。地源侧包含 400 个地埋管钻孔，2 个地埋管群分区，均匀布置于建筑西侧，钻孔直径 0.15m，横向间距 5m，钻孔深度 200m，地埋管类型为双 U 形，供回水管道为 DN32。复合式地源热泵系统机房关键设备参数信息见表 5-1。

复合式地源热泵系统机房关键设备参数信息　　表 5-1

序号	名称	参数	数量	备注
1	地源热泵机组	制冷量：1181.4kW，制冷功率：205.2kW；制热量：1170.4kW，制热功率：248.8kW	2 台	—
2	螺杆式冷水机组	制冷量：1225.1kW，制冷功率：198.9kW	1 台	—
3	空调侧循环泵	$L=210.0m^3/h$，$H=32.0m$，$N=37.0kW$	4 台	三用一备
4	地源侧循环泵	$L=280.0m^3/h$，$H=28.0m$，$N=37.0kW$	3 台	二用一备
5	冷却水循环泵	$L=280.0m^3/h$，$H=28.0m$，$N=37.0kW$	2 台	一用一备
6	冷却塔	$L=300.0m^3/h$，$N=11.0kW$，供回水温度 35℃/30℃	1 台	—

注：L 表示循环泵额定流量（m^3/h）；H 表示循环泵额定扬程（m）；N 表示循环泵设计额定功率（kW）。

长周期源侧运行调度优化，仅考虑源侧运行调度，忽略用户侧运行情况对地源热泵机组、调峰冷水机组的影响，故本书中取供冷季冷水供回水温度为7.0℃/12.0℃，供暖季热水供回水温度为40.0℃/32.0℃，供冷季/供暖季供水温度参数信息见表5-2。同时研究分析多种源侧运行调度策略的控制效果，model 1：本书所提出的地源侧取放热平衡启发式长周期源侧运行调度优化策略；model 2：基于室外日平均温度控制调峰参与的源侧运行调度策略，当室外日平均温度高于27.0℃或地源热泵系统制冷能力不足时，调峰供冷系统参与供冷；model 3：地源侧优先，地源热泵系统制冷能力不足，调峰供冷系统参与供冷。

供冷季/供暖季供水温度参数信息（℃） 表5-2

供冷季		供暖季	
设计供水温度	7.0	设计供水温度	40.0
设计回水温度	12.0	设计回水温度	32.0

5.2.2 长周期源侧运行调度优化分析

基于PRECIS模型对项目所在地进行气候变化分析，获取未来日均气象参数，进一步根据项目实际运行情况（入住率不足），预测日均运行负荷，日平均负荷曲线图如图5-10所示。

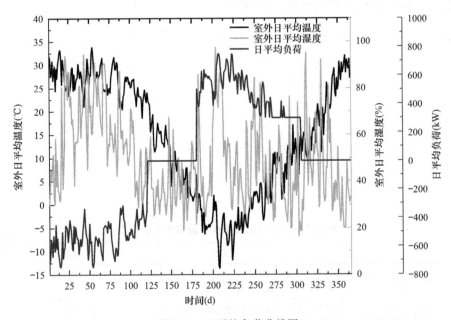

图5-10 日平均负荷曲线图

基于model 1、model 2、model 3三种源侧运行调度优化策略，所形成的地源热泵机组/调峰冷水机组制冷/热量曲线图分别如图5-11~图5-13所示。由图5-13可知，由于入住率不足，运行负荷远低于设计冷负荷与设计热负荷，仅地源热泵系统便可承担全年冷热负荷。地源侧取放热平衡启发式长周期源侧运行调度策略——model 1运行调度策略下，调峰供冷系统承担40.25%夏季供冷负荷。基于室外日平均温度控制调峰参与的源侧运行调度策略——model 2 运行调度策略下，调峰系统承担 18.85% 夏季供冷负荷。

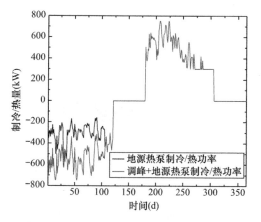

图 5-11 地源热泵机组/调峰冷水机组制冷/
热量曲线图——model 1

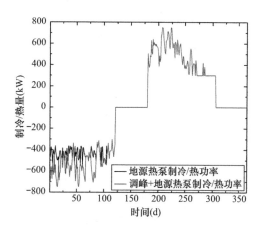

图 5-12 地源热泵机组/调峰冷水机组制冷/
热量曲线图——model 2

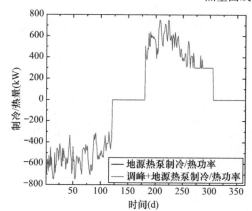

图 5-13 地源热泵机组/调峰冷水机组制冷/
热量曲线图——model 3

各源侧运行调度策略下，地源侧进出口水温及运行流量曲线图如图 5-14～图 5-16 所示，model 2、model 3 运行策略中地埋管群分区全开，相比于 model 3 运行调度策略，由于 model 2 运行调度策略中，地源热泵系统承担部分供冷负荷，地源侧进出水温度较低。相比于 model 2 运行调度策略，model 1 运行调度策略下地源热泵系统承担供冷负荷小，但两地埋管群分区交替启停（图 5-17），仅部分时间段两地埋管群分区同时运行，导致其整体地源侧进出水温度较高。

不同源侧运行调度策略下，地源侧取热量和空气源侧取冷量曲线图分别如图 5-18、图 5-19 所示。model 1、model 2、model 3 运行调度策略下，地源侧取放热不平衡率分别为 0.05%、31.2%、59.6%。地源侧优先的 model 3 运行调度策略下，地源侧取放热不平衡率最高，基于室外温度控制调峰参与的 model 2 运行调度策略次之，本书提出了长周期源侧启发式运行调度策略下地源侧取放热平衡。

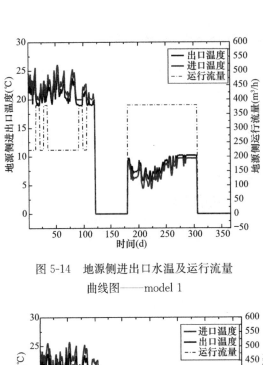

图 5-14 地源侧进出口水温及运行流量曲线图——model 1

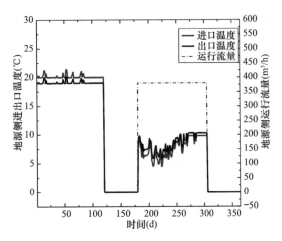

图 5-15 地源侧进出口水温及运行流量曲线图——model 2

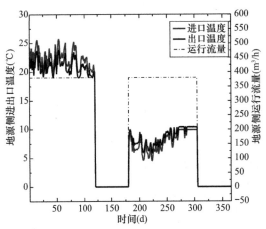

图 5-16 地源侧进出口水温及运行流量曲线图——model 3

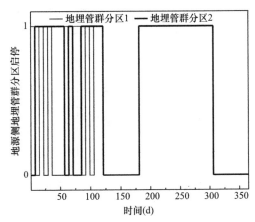

图 5-17 地源侧地埋管群分区启停曲线图——model 1

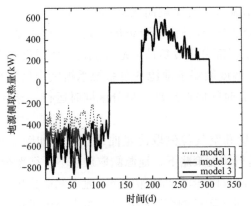

图 5-18 地源侧取热量曲线图

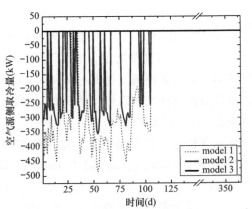

图 5-19 空气源侧取冷量曲线图

model 2 运行调度策略与 model 3 运行调度策略，地源侧地埋群分区均开启，由于 model 2 运行调度策略下供冷季空气源侧调峰，供冷季地源侧取冷量小于 model 3 运行调度策略（图 5-18）。相同的地源侧运行流量下，整体上 model 2 供冷季的地源侧出口温度比 model 3 地源侧出口温度低 1.44℃（图 5-15、图 5-16），同时由于空气源调峰参与，整体上 model 2 供冷季的地源热泵机组负荷率比 model 3 地源热泵机组负荷率低 8.5%，共同作用下，使得整体上 model 2 供冷季的地源热泵机组运行 COP 较 model 3 地源热泵机组运行 COP 略高 0.2。由于 model 1 运行调度策略下，供冷季地埋管群分区交替运行，整体上 model 1 源侧出口温度最高，同时地源侧取放热平衡约束下，空气源侧调峰参与度高，整体上 model 1 地源热泵机组负荷率最低，导致 model 1 地源热泵机组 COP 效率较低（图 5-20~图 5-22）。

各源侧运行调度策略下，系统日平均运行功率曲线图如图 5-23 所示，运行功率从低到高，依次为 model 3 运行调度策略、model 2 运行调度策略、model 1 运行调度策略。地源侧取放热平衡约束下，复合式地源热泵系统运行经济性不佳，但可以保障年内地源侧取热量平衡。

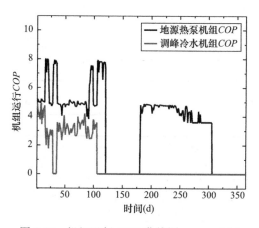

图 5-20　机组运行 COP 曲线图——model 1

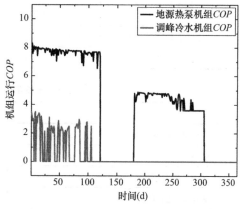

图 5-21　机组运行 COP 曲线图——model 2

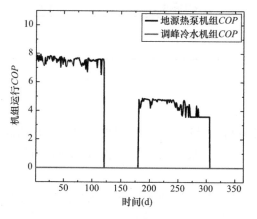

图 5-22　机组运行 COP 曲线图——model 3

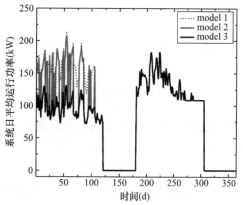

图 5-23　系统日平均运行功率曲线图

5.3 短周期控制策略优化调控算例分析

5.3.1 地源热泵系统算例概况

北京某地埋管地源热泵系统项目建筑面积2770m²，系统采用地源热泵系统与分体式热泵系统实现供暖制冷，地源热泵系统设计冷负荷为300kW，地源热泵系统设计热负荷为250kW。项目选配2台小型螺杆式地源热泵机组，单台热泵机组制冷量为151.7.0kW，制热量为154.3kW，用户侧和地源侧分别设置3台循环水泵，二用一备。地源侧为30孔150m深双U形地埋管，详见第2章模型验证与分析小节。地源热泵系统机房关键设备参数信息见表5-3，供冷季/供暖季设计室内外参数信息见表5-4。

地源热泵系统机房关键设备参数信息　　　　　表5-3

序号	名称	参数	数量	备注
1	地源热泵机组	制冷量151.7kW，$COP=5.11$；制热量154.3kW，$COP=4.84$	2	—
2	空调系统循环水泵	$L=30.0m^3/h$，$H=26.3m$，$N=7.5kW$	3	二用一备
3	地源系统循环水泵	$L=35.0m^3/h$，$H=23.3m$，$N=5.5kW$	3	二用一备

供冷季/供暖季设计室内外参数信息　　　　　表5-4

供冷季		供暖季	
供冷设计负荷	300.0kW	供暖设计负荷	250.0kW
室内设计温度	25.0℃	室内设计温度	18.0℃
室内设计相对湿度	60.0%	室外设计温度	−7.6℃
室外设计温度	33.5℃	设计供水温度	42.0℃
室外设计相对湿度	61.0℃	设计回水温度	35.0℃
设计供水温度	7.0℃	设计流量	32.45m³/h
设计回水温度	13.5℃	—	
设计流量	52.74m³/h		

5.3.2 地源热泵系统短周期优化分析

选取夏季典型日短周期进行优化前后对比分析，当日室外温、湿度及供冷负荷曲线图如图5-24所示，当日室外最高气温高达39.1℃，当日最低供冷负荷219.4kW，当日最高供冷负荷294.4kW，接近设计供冷负荷。

短周期优化前后用户侧供、回水温度曲线图如图5-25所示，基于用户侧开环近似最优控制策略，根据地源热泵系统负荷率优化冷水供水温度，优化后冷水供水温度平均值为7.78℃，冷水回水温度平均值为14.19℃。优化前冷水供水温度与室外温度正相关，实际冷水供水温度平均值为6.76℃，实际冷水回水温度平均值为12.86℃。

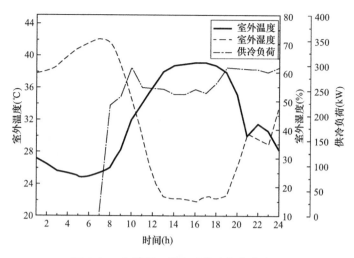

图 5-24 室外温、湿度及供冷负荷曲线图

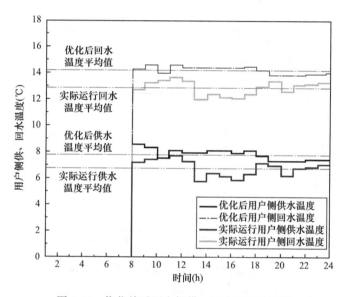

图 5-25 优化前后用户侧供、回水温度曲线图

为保证系统末端换热设备所需压降，短周期地源热泵系统控制策略优化中用户侧泵组最低运行频率为 30Hz，如图 5-26 所示，优化前用户侧冷水供回水水平均温差为 6.1℃，最大供回水温差为 6.38℃。优化后用户侧循环泵组运行频率略低于实际用户侧循环泵组运行频率，优化后用户侧冷水供回水温差最大值 6.5℃，供回水温差最小值为 5.7℃。

如图 5-27 所示，供冷当日 8~18 点，地源侧循环泵组实际运行流量在 72m³/h 左右，当日 18~24 点，地源侧循环泵组实际运行流量在 76m³/h 左右。短周期控制策略优化中地源侧定频运行，地源侧运行流量为 70m³/h。因本项目仅包含地源热泵系统，地源侧逐时取冷量基本一致，优化后地源侧供回水温度与实际运行地源侧供回水温度略有偏差，如图 5-28 所示。

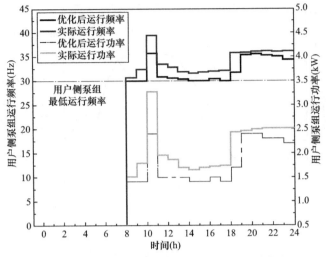

图 5-26 优化前后用户侧泵组运行频率、功率曲线图

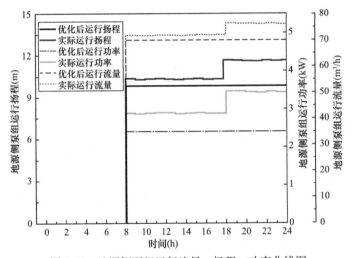

图 5-27 地源侧泵组运行流量、扬程、功率曲线图

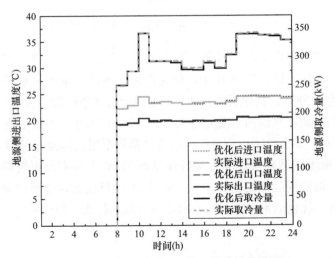

图 5-28 地源侧进出口温度、取冷量曲线图

本项目中两台地源热泵机组型号一致，且机组运行时间较短并未出现两台热泵机组性能上的差异，并不能通过最小二乘拟合等模型回归算法对两台地源热泵机组差异化建模，故优化模型中两台地源热泵机组的数目模型一致，优化后两台热泵机组负荷率相同与机组间负荷率分配实际运行情况一致，如图 5-29 所示。两台地源热泵机组运行工况一致，优化后地源热泵机组供水温度及运行功率曲线图如图 5-30 所示，用户侧供水温度降低使得地源热泵机组运行功率降低。

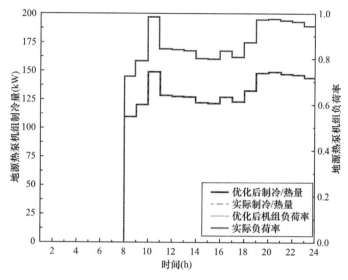

图 5-29 地源热泵机组制冷量及负荷率曲线图

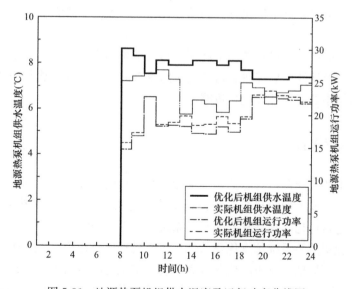

图 5-30 地源热泵机组供水温度及运行功率曲线图

短周期控制策略运行优化前后运行总能耗分别为 775.8kWh、737kWh，优化后地源热泵系统运行能耗降低 5.01%（图 5-31）。

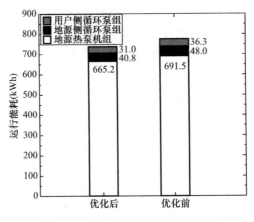

图 5-31　优化前后运行能耗对比图

5.4　应用展望

本书对复合式地源热泵系统的研究方面取得了一些进展,但随着研究的深入,一些理论与实践的新问题也逐渐显露出来,还需要在以下几方面继续深入研究:

(1) 本书提出的地埋管群三维非稳态传热离散传递矩阵模型,其钻孔内传热模型为稳态传热模型,后续可综合考虑数值传热分析方法和解析解传热分析方法,将二者有机结合进一步研究地埋管群传热模型及其传热特性。

(2) 基于模型预测控制理论,可将本书提出的复合式地源热泵系统长周期源侧运行调度优化方法和短周期控制策略优化方法相结合,后续将进一步研究长短周期耦合的滚动时域优化控制方法。

(3) 跨季节储能技术可以有效地平衡地源热泵系统的供能与用能需求,提高系统的能源利用效率和运行经济性;后续研究可关注于跨季节储能技术的集成与应用,研究其在复合式地源热泵系统中的适用性和优化策略。

5.5　本章小节

本章根据提出的长周期运行源侧调度优化方法和短周期机组启停优化方法、短周期控制策略优化方法,开发了地源热泵系统运行仿真优化软件,结合地源热泵系统工程案例,对系统运行策略进行优化,提高复合式热泵系统可靠性与经济性。

(1) 开发了地源热泵系统仿真优化软件,包括机理模型建模、地源侧快速仿真、长周期运行调度优化、短周期控制策略优化等算法包,实现地源热泵系统与调峰系统的高效运行调度与优化控制,提供可视化界面和数据分析功能以及具有可扩展性和可维护性等功能。

(2) 仿真模拟地源侧取放热平衡启发式长周期源侧运行调度优化策略与常规运行策略,对比分析系统日平均运行功率变化,认为地源侧取放热平衡约束下,系统长周期运行调度优化策略虽然经济性略不足,但可以保障年内地源侧取热量平衡。

(3) 根据复合式地源热泵系统机组控制策略优化方法对各地源热泵机组和调峰机组出水温度、负荷率进行优化。基于地源热泵项目，经优化前后对比分析，地源热泵系统优化后节能 5%，验证了短周期控制策略优化方法的可行性。

(4) 展望地源热泵系统运行优化管理未来工作，包括在地埋管群传热仿真、运行策略优化以及储能在复合式系统中的作用发挥等。

参 考 文 献

[1] 李洪言,张景谦,陈健斌,等. 2021年全球能源转型面临挑战——基于《bp世界能源统计年鉴(2022)》[J]. Natural Gas & Oil, 2022, 40 (6).

[2] Falkner R. The Paris Agreement and the new logic of international climate politics [J]. International Affairs, 2016, 92 (5): 1107-1125.

[3] González-Torres M, Pérez-Lombard L, Coronel J F, et al. A review on buildings energy information: Trends, end-uses, fuels and drivers [J]. Energy Reports, 2022, 8: 626-637.

[4] Urge-Vorsatz D, Petrichenko K, Staniec M, et al. Energy use in buildings in a long-term perspective [J]. Current Opinion in Environmental Sustainability, 2013, 5 (2): 141-151.

[5] Casasso A, Sethi R. Assessment and minimization of potential environmental impacts of ground source heat pump (GSHP) systems [J]. Water, 2019, 11 (8): 1573.

[6] Luo J, Rohn J, Xiang W, et al. A review of ground investigations for ground source heat pump (GSHP) systems [J]. Energy and Buildings, 2016, 117: 160-175.

[7] 中华人民共和国住房和城乡建设部. "十四五"建筑节能与绿色建筑发展规划 [EB/OL]. [2022-03-01]. https://www.mohurd.gov.cn/gongkai/zc/wjk/art/2022/art_17339_765109.html.

[8] 李冬冬. 地源热泵空调系统节能优化控制系统设计 [D]. 济南:山东大学, 2016.

[9] 王贵玲,杨轩,马凌,等. 地热能供热技术的应用现状及发展趋势 [J]. 华电技术, 2021, 43 (11): 15-24.

[10] Pan A, McCartney J S, Lu L, et al, A novel analytical multilayer cylindrical heat source model for vertical ground heat exchangers installed in layered ground [J]. Energy, 2020, 200, 117545.

[11] 徐若恩,陈金华,唐茂川,等. 基于土壤分层当量物性的地埋管换热器换热模型研究 [J]. 可再生能源, 2024, 42 (2): 174-181.

[12] Thomson W (Lord Kelvin). Mathematical and Physical Papers [M]. London: Cambridge Univ Press, 1911.

[13] Ingersoll L R, Plass H J. Theory of the ground pipe heat source for the heat pump [J]. Heating Piping and Air Conditioning, 1948, 20 (7): 119-122.

[14] Eskilson P. Thermal analysis of heat extraction boreholes [D]. Lund: University of Lund Doctoral Thesis, 1987.

[15] Zeng H Y, Diao N R, Fang Z H. A finite line-source model for boreholes in geothermal heat exchangers [J]. Heat Transfer-Asian Research, 2002, 31 (7): 558-567.

[16] Erol S, François B. Multilayer analytical model for vertical ground heat exchanger with groundwater flow [J]. Geothermics, 2018, 71: 294-305.

[17] Abdelaziz S L, Ozudogru T Y, Olgun C G, et al, Multilayer finite line source model for vertical heat exchangers [J]. Geothermics, 2014, 51: 406-416.

[18] Zhou G, Zhou Y, Zhang D. Analytical solutions for two pile foundation heat exchanger models in a double-layered ground [J]. Energy, 2016, 112: 655-668.

[19] Nurullah Kayaci, Hakan Demir, Numerical modelling of transient soil temperature distribution for

horizontal ground heat exchanger of ground source heat pump [J]. Geothermics, 2018, 73: 33-47.

[20] 马玖辰, 邵刚, 王宇, 等. 抽-灌井分布模式对地埋管换热器井群传热特性的影响 [J]. 应用基础与工程科学学报, 2019, 27 (5): 1158-1171.

[21] Zhang M, Liu X, Biswas K, et al. A three-dimensional numerical investigation of a novel shallow bore ground heat exchanger integrated with phase change material [J]. Applied Thermal Engineering, 2019, 162, 114297.

[22] Habibi M, Amadeh A, Hakkaki-Fard A. A numerical study on utilizing horizontal flat-panel ground heat exchangers in ground-coupled heat pumps [J]. Renewable Energy, 2020, 147: 996-1010.

[23] Bottarelli M, Bortoloni M, Su Y. On the sizing of a novel Flat-Panel ground heat exchanger in coupling with a dual-source heat pump [J]. Renew Energy, 2019, 142: 552-560.

[24] Kun Zhou, Jinfeng Mao, Hua Zhang, et al. Design strategy and techno-economic optimization for hybrid ground heat exchangers of ground source heat pump system [J]. Sustainable Energy Technologies and Assessments, 2022, 52, 102140.

[25] Ren, Y, Kong, Y, Huang, Y. et al. Operational strategies to alleviate thermal impacts of the large-scale borehole heat exchanger array in Beijing Daxing Airport [J]. Geotherm Energy, 2023, 11, 16.

[26] Cai W, Wang F, Chen S, et al. Analysis of heat extraction performance and long-term sustainability for multiple deep borehole heat exchanger array: A project-based study [J]. Applied Energy, 2021, 289, 116590.

[27] 王洋, 张丰收, 鲁克文, 等. 大型地埋管群地源热泵三维传热-渗流耦合模拟 [J]. 太阳能学报, 2024, 45 (4): 302-310.

[28] Esen H, Inalli M, Esen M. Numerical and experimental analysis of a horizontal ground-coupled heat pump system [J]. Build Environ, 2007, 42 (3): 1126-1134.

[29] Seok Yoon, Seung-Rae Lee, Min-Jun Kim, et al. Evaluation of stainless steel pipe performance as a ground heat exchanger in ground-source heat-pump system [J]. Energy, 2016, 113: 328-337.

[30] 齐子姝, 高青, 刘研, 等. 浅层地能利用系统地下岩土温度场实测研究 [J]. 应用基础与工程科学学报, 2017, 25 (1): 37-45.

[31] Guo Y, Zhao J, Liu W V. A novel solution for vertical borehole heat exchangers in multilayered ground with the Robin boundary condition [J]. Applied Thermal Engineering, 2024, 255, 123923.

[32] Alejandro J, Extremera-Jiménez, Charles Yousif, et al. Casanova-Peláez, Fernando Cruz-Peragón. Fast segregation of thermal response functions in short-term for vertical ground heat exchangers [J]. Applied Thermal Engineering, 2024, 246, 122849.

[33] Jinhua Chen, Lei Xia, Baizhan Li. Daniel Mmereki, Simulation and experimental analysis of optimal buried depth of the vertical U-tube ground heat exchanger for a ground-coupled heat pump system [J]. Renewable Energy, 2015, 73: 46-54.

[34] Wan H, Xu X, Li A, et al. A wet-bulb temperature-based control method for controlling the heat balance of the ground soil of a hybrid ground-source heat pump system [J]. Advances in Mechanical Engineering, 2017, 9 (6): 1687814017701705.

[35] Kang L, Yang J, An Q, et al. Effects of load following operational strategy on CCHP system with an auxiliary ground source heat pump considering carbon tax and electricity feed in tariff [J]. Ap-

plied energy, 2017, 194: 454-466.

[36] Ma W, Fang S, Liu G. Hybrid optimization method and seasonal operation strategy for distributed energy system integrating CCHP, photovoltaic and ground source heat pump [J]. Energy, 2017, 141: 1439-1455.

[37] Xiong S, Liu Z, Li Q, et al. Simulation and operation control strategy of ground source thermal energy management system by cold and heat auxiliary technology [J]. Thermal Science, 2020.

[38] Su S, Peng M. Study on Operation Strategies of Cooling Tower in Ground Source Heat Pump System [J]. IOP Conference Series Earth and Environmental Science, 2020, 440: 052020.

[39] 周世玉. 重庆典型地层热物性及地源热泵系统运行特性 [D]. 重庆：重庆大学, 2016.

[40] Hou G, Taherian H, Li L, et al. System performance analysis of a hybrid ground source heat pump with optimal control strategies based on numerical simulations [J]. Geothermics, 2020, 86: 101849.

[41] 王华军, 赵军. 混合式地源热泵系统的运行控制策略研究 [J]. 暖通空调, 2007, 37 (9): 131-134.

[42] 杨晶晶, 杨卫波, 刘向东. 复合式地源热泵系统冷却塔开启控制策略 [J]. 扬州大学学报：自然科学版, 2017, 20 (4): 47-53.

[43] 黄新江. 基于Trnsys地源热泵系统模拟与优化 [D]. 苏州：苏州科技大学, 2019.

[44] 张坤子. 能源站复合式地源热泵系统运行策略研究 [D]. 武汉：华中科技大学, 2020.

[45] 邢俊浩. 寒冷地区太阳能-地源热泵分时耦合系统优化研究 [D]. 张家口：河北建筑工程学院, 2023.

[46] 王维. 地源热泵区域能源系统邻域自适应粒子群优化调度方法研究 [D]. 湘潭：湖南科技大学, 2022.

[47] 严茜公. 地源热泵耦合空气源热泵热水系统的运行特性和能量流研究 [D]. 南宁：广西大学, 2020.

[48] 刘馨, 鲁倩男, 梁传志, 等. 严寒地区办公建筑土壤源热泵系统运行策略优化研究 [J]. 建筑科学, 2021, 37 (8): 79-86.

[49] Deng Y, Feng Z, Fang J, et al. Impact of ventilation rates on indoor thermal comfort and energy efficiency of ground-source heat pump system [J]. Sustainable Cities and Society, 2018, 37: 154-163.

[50] 王闯, 刘涛, 贾玉贵等. 北京市某建筑低温负荷下地源热泵系统运行优化研究 [J]. 河北建筑工程学院学报, 2022, (1): 40.

[51] 张浩. 住宅建筑地源热泵+辐射空调系统运行策略优化研究 [D]. 南京：东南大学, 2024.

[52] 崔楚阳. 太阳能耦合地源热泵在寒冷地区的应用及经济性分析 [D]. 石家庄：河北科技大学, 2022.

[53] 左春帅. 严寒地区太阳能土壤储热-地源热泵供热系统运行策略的研究 [D]. 天津：河北工业大学, 2021.

[54] 曲宗昊. 基于Pmv的地源热泵空调控制系统研究与设计 [D]. 济南：山东建筑大学, 2022.

[55] 冯智慧. 基于特征识别的地源热泵输配系统优化运行研究 [D]. 南京：东南大学, 2019.

[56] 刁乃仁, 方肇洪. 地埋管地源热泵技术 [M]. 北京：高等教育出版社, 2006.

[57] Cui P, Man Y, Fang Z. Geothermal Heat Pumps [M]//In Handbook of Clean Energy Systems. Hoboken: John Wiley & Sons, 2014.

[58] 方亮. 地源热泵系统中深层地埋管换热器的传热分析及其应用 [D]. 济南：山东建筑大学, 2018.

[59] Li M, Zhu K, Fang Z. Analytical methods for thermal analysis of vertical ground heat exchangers [J]. Advances in ground-source heat pump systems, 2016: 157-183.

[60] Li M, Lai A C K. Review of analytical models for heat transfer by vertical ground heat exchangers (GHEs): A perspective of time and space scales [J]. Applied Energy, 2015, 151: 178-191.

[61] 谷超豪, 李大潜, 陈恕行, 等. 数学物理方程 [M]. 北京: 高等教育出版社, 2023.

[62] Fomin S, Yoshida K, Hashida T. Analysis of Thermal Effectiveness of Geothermal Multi-borehole Circulating System [J]. Transactions-Geothermal Resources Council, 2002: 279-283.

[63] Spitler J D, Liu X B, Rees S J, et al. Simulation and design of ground source heat pump systems [J]. Journal of Shandong University of Architecture and Engineering, 2003, 18 (1): 1-10.

[64] Pahud D, Hellström G, Mazzarella L. Duct ground heat storage model for TRNSYS (TRNVDST) [J]. Laboratory of Energy Systems, Lausanne, 1997.

[65] Ingersoll L R, Plass H J. Theory of the ground pipe source for the heat pump [J]. ASHRAE Transactions, 1948, 54: 339-348.

[66] Kavanaugh S P. SIMULATION AND EXPERIMENTAL VERIFICATION OF VERTICAL GROUND-COUPLED HEAT PUMP SYSTEMS (CLOSED LOOP) [M]. Stillwater: Oklahoma State University, 1985.

[67] Ng K C, Chua H T, Ong W, et al. Diagnostics and optimization of reciprocating chillers: theory and experiment [J]. Applied thermal engineering, 1997, 17 (3): 263-276.

[68] Gordon J M, Ng K C, Chua H T. Centrifugal chillers: thermodynamic modelling and a diagnostic case study [J]. International Journal of refrigeration, 1995, 18 (4): 253-257.

[69] Hydeman M, Webb N, Sreedharan P, et al. Development and testing of a reformulated regression-based electric chiller model/discussion [J]. ASHRAE transactions, 2002, 108: 1118.

[70] Srinivas M, Patnaik L M. Adaptive probabilities of crossover and mutation in genetic algorithms [J]. IEEE Transactions on Systems Man & Cybernetics, 2002, 24 (4): 656-667.